略本

テストに出る！

5分間攻略ブック

学校図書版

理科
1年

重要用語をサクッと確認

よく出る図を
まとめておさえる

赤シートを
活用しよう！

テスト前に最後のチェック！
休み時間にも使えるよ♪

「5分間攻略ブック」は取りはずして使用できます。

1－1　動植物の分類

教科書 p.18~p.63

第1章　身近な生物の観察

p.22~p.31

□ ルーペは【目】に近づけて使う。

□【双眼実体顕微鏡】を使うと立体的に観察することができる。

双眼実体顕微鏡

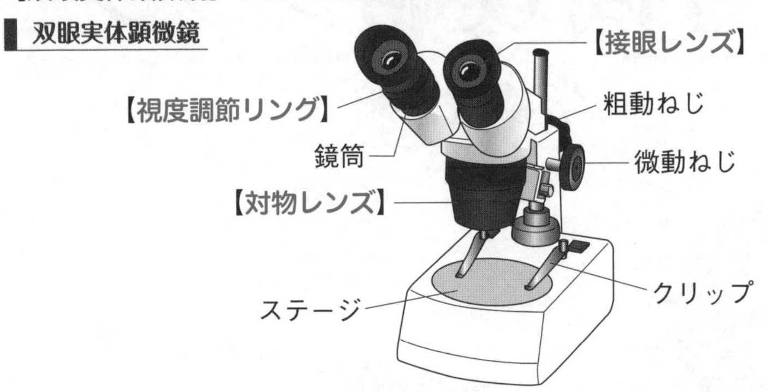

第2章　植物の分類

p.32~p.47

□ 植物の花は，中心に【めしべ】があり，おしべ，花弁，がくの順についている。

□ めしべの先端の部分を【柱頭】といい，その下の細くなった部分を【花柱】という。

□ めしべのもとのふくらんだ部分を【子房】といい，その内部にある粒を【胚珠】という。

□ おしべの先端の袋状のつくりを【やく】といい，その中には【花粉】がある。

花から果実への変化

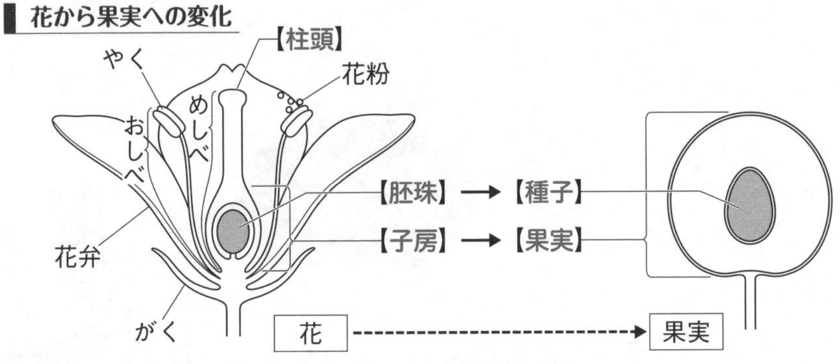

□ 子房の中に胚珠がある花をもつ植物を【被子植物】という。

□ 花弁が，1枚1枚はなれている花を【離弁花】といい，つながっている花を【合弁花】という。

□ 葉にある筋は【**葉脈**】といい，アブラナのように網目状になっているものを【**網状脈**】，イネのように平行にならんでいるものを【**平行脈**】という。

□ アブラナの根は，太い【**主根**】から細い【**側根**】が数多く出ている。イネの根は，同じような太さの【**ひげ根**】が多数出ている。

□ 植物の種子の中で最初につくられる葉を【**子葉**】という。

□ 被子植物のうち，子葉が２枚のなかまを【**双子葉類**】，１枚のなかまを【**単子葉類**】という。

被子植物の分類

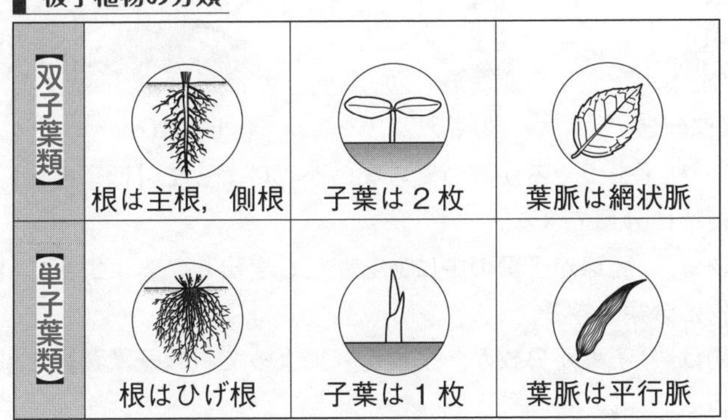

□ 双子葉類のうち，花弁が１枚１枚はなれている花をもつなかまを【**離弁花類**】，つながっている花をもつなかまを【**合弁花類**】という。

□ 胚珠がむき出しになっている花をもつ植物を【**裸子植物**】という。

□ 種子でふえる植物を【**種子植物**】という。

種子植物

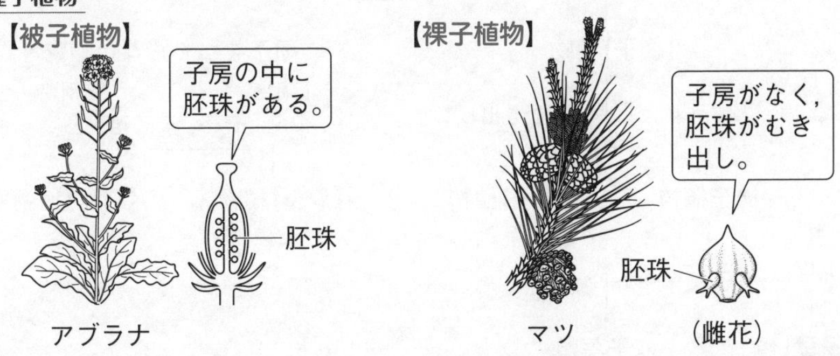

□ 種子をつくらない植物のうち，からだに根，茎，葉の区別がある植物を【**シダ植物**】という。

□ 種子をつくらない植物のうち，からだに根，茎，葉の区別がない植物を【**コケ植物**】という。

□ シダ植物やコケ植物は，【**胞子**】でふえる。胞子は胞子のうでつくられる。

種子をつくらない植物

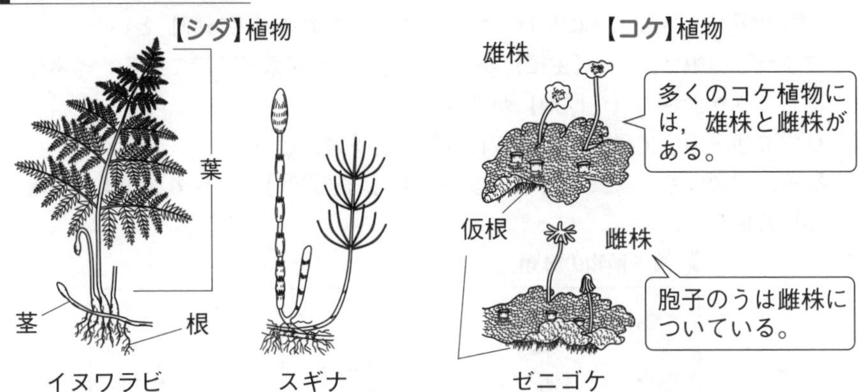

□ 植物は，「種子をつくるか，つくらないか」によって【**種子植物**】と種子をつくらない植物に分類できる。

□ 種子植物は，「胚珠が子房の中にあるか，むき出しか」によって【**被子植物**】と裸子植物に分類できる。

□ 被子植物は，「子葉が２枚か，１枚か」によって【**双子葉類**】と単子葉類に分類できる。

□ 双子葉類は，「花弁が１枚１枚離れているか，つながっているか」によって【**離弁花類**】と合弁花類に分類できる。

植物の分類

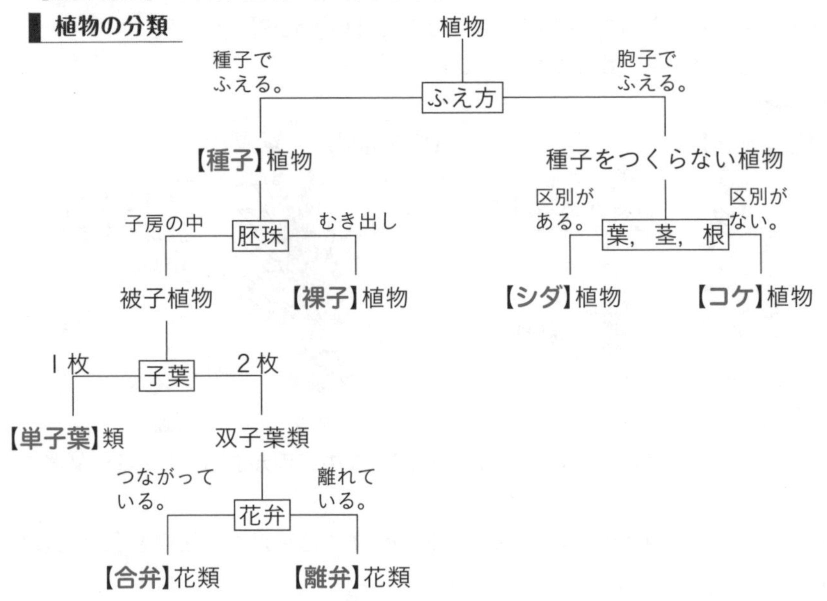

□ ヒトや魚のように背骨をもつ動物を【脊椎】動物といい，エビやイカのように背骨をもたない動物を【無脊椎】動物という。

□ 子が母親の子宮内で育ち，親と同じようなすがたでうまれるうまれ方を【胎生】，卵でうまれるうまれ方を【卵生】という。

□ 脊椎動物を5つのなかまに分類すると，【魚】類，両生類，【は虫】類，鳥類，【哺乳】類に分けることができる。

□ 脊椎動物のうち，水中で生活するなかまの呼吸のためのつくりは，【えら】であり，陸上で生活するなかまの呼吸のためのつくりは，【肺】である。

注目 両生類は，幼生はえらや皮ふで呼吸し，成体は肺や皮ふで呼吸する。

□ 魚類のからだの表面は，【うろこ】でおおわれている。また，鳥類のからだの表面は，【羽毛】でおおわれている。

□ 魚類，両生類，は虫類の子（幼生）は，自ら食物をとるが，鳥類，哺乳類は，親が子育てをする。

脊椎動物の分類

	魚類	【両生】類	は虫類	【鳥】類	哺乳類
子のうみ方	卵生（水中）		卵生（陸上）		【胎生】
呼吸	えら	幼生はえらや皮ふ 成体は肺や皮ふ	【肺】		
からだの表面	うろこ	粘液	【うろこ】	羽毛	体毛

□ 無脊椎動物のうち，からだに節がある動物を【節足動物】という。節足動物のからだの外側は【外骨格】でおおわれている。

□ 節足動物のうち，エビやカニなどを【甲殻類】，バッタやチョウなどを【昆虫類】という。ほかに，クモやサソリなどのクモ類，ムカデ類，ヤスデ類などがある。

□ 無脊椎動物のうち，二枚貝やイカなどのなかまを【軟体動物】という。軟体動物の内臓は【外とう膜】におおわれている。

無脊椎動物

【節足】動物

バッタ（昆虫類）

【軟体】動物

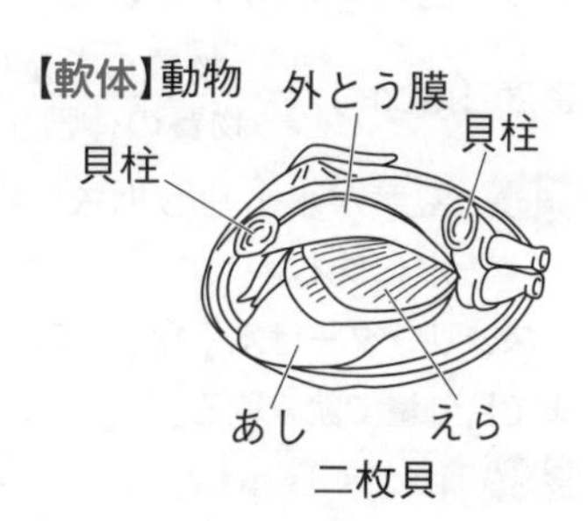

二枚貝

1－2　身のまわりの物質

教科書 p.64~p.127

第1章　物質の分類　p.68~p.83

□ 大きさや形に注目したときの「もの」を【物体】といい，つくる原料に注目したときの「もの」を【物質】という。

□ 金属には以下の性質がある。

●電気をよく通す。

●熱をよく伝える。

●【金属光沢】がある。

●引っ張ると細くのびる（【延】性）。

●たたくとうすく広がる（【展】性）。

注目　磁石につくことは，金属に共通した性質ではない。

□ 金属以外の物質を【非金属】という。

□ ガスバーナーは炎の色を【青】色にして使用する。

ガスバーナー

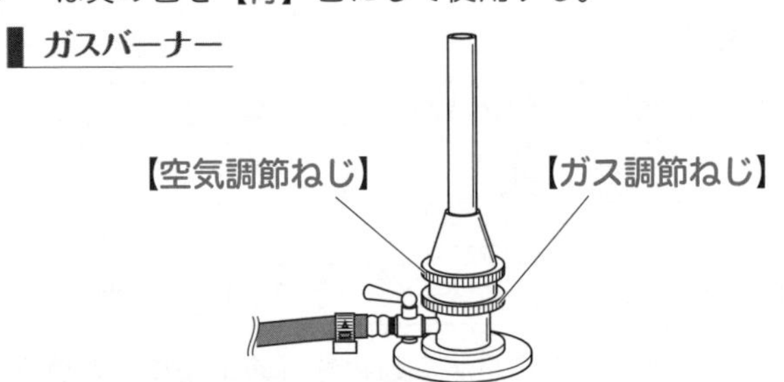

□ 燃えると【二酸化炭素】と水ができる，炭素をふくむ物質を【有機物】という。有機物以外の物質を【無機物】という。

注目　金属は無機物である。

□ gやkgの単位で表される物体そのものの量を【質量】という。

□ 物質の1cm^3当たりの質量を【密度】という。単位はグラム毎立方センチメートル（記号g/cm^3）で表され，物質の種類によって決まっている。

$$密度〔\text{g/cm}^3〕=\frac{物質の質量〔\text{g}〕}{物質の体積〔\text{cm}^3〕}$$

注目　密度が水よりも小さい物質は水に浮かび，密度が水よりも大きい物質は水に沈む。

□ メスシリンダーは水平なところに置き，液面のへこんだ下の面を1目盛りの【$\frac{1}{10}$】まで目分量で読み取る。

まる暗記　$1\text{mL}=1\text{cm}^3$

メスシリンダーの使い方

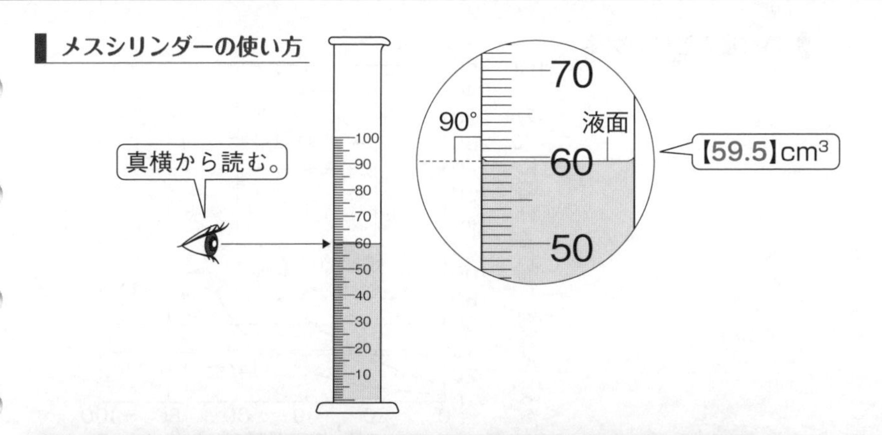

第2章　粒子のモデルと物質の性質

p.84~p.105

□ 1種類の物質でできているものを【純粋】な物質，いくつかの物質が混ざり合ったものを【混合物】という。

□ 物質が溶けた液体を【溶液】といい，溶けている物質を【溶質】，物質を溶かしている液体を【溶媒】という。溶媒が水である溶液を【水溶液】という。

水溶液

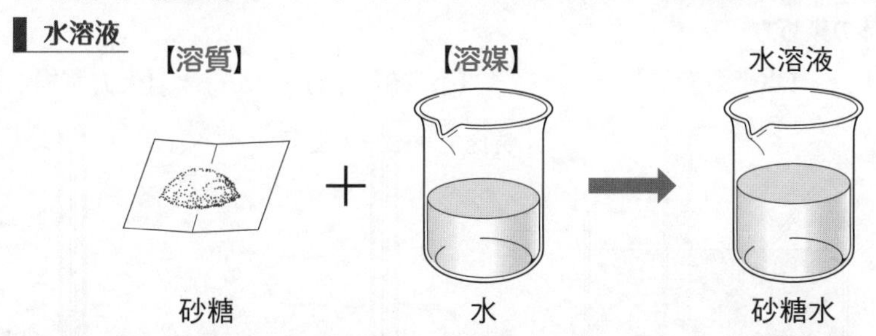

□ 溶液の濃さを，溶質の質量が溶液の質量の何％になるかで表したものを【質量パーセント濃度】という。

$$質量パーセント濃度〔\%〕=\frac{溶質の質量〔g〕}{【溶液】の質量〔g〕}\times 100$$

□ 物質がそれ以上溶けきれなくなったときの水溶液を【飽和水溶液】という。

□ 100g の水に物質を溶かして飽和水溶液にしたときの，溶けた物質の質量を【溶解度】という。

□ 水の温度ごとの溶解度をグラフに表したものを【溶解度曲線】という。

□ 水溶液を冷やしたり水を蒸発させたりすると出てくる，いくつかの平面で囲まれた規則正しい形の固体を【結晶】という。

□ 固体の物質をいったん溶媒に溶かし，冷やしたり溶媒を蒸発させたりして再び結晶として取り出すことを【再結晶】という。

■ 溶解度と温度の関係

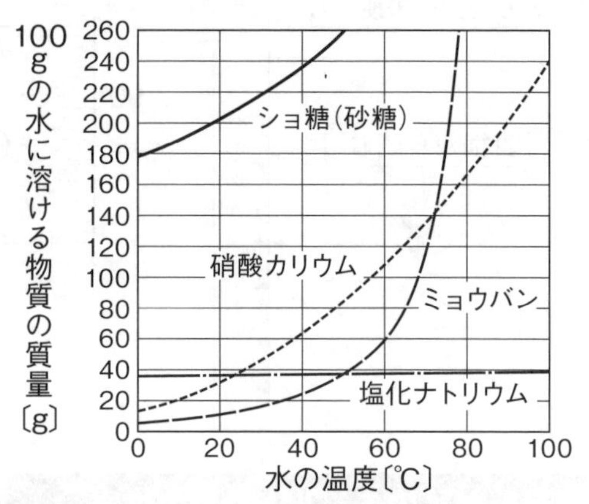

注目 塩化ナトリウムは，水の温度が変化しても溶解度があまり変わらない。

□ 気体の集め方には，3つある。水に溶けにくい気体は，【**水上置換法**】で集める。水に溶けやすい気体は，水上置換法では集めることができず，空気よりも密度が大きい気体は【**下方置換法**】，空気よりも密度が小さい気体は【**上方置換法**】で集める。

■ 気体の集め方

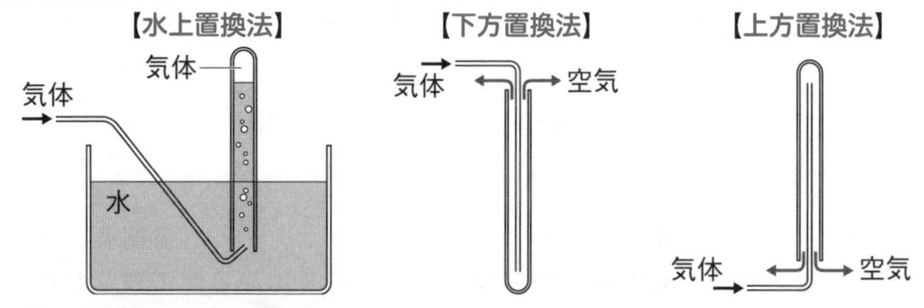

いろいろな気体の性質

気体	水への溶け方	主な性質
酸素	溶けにくい。	物質を燃やすはたらきがある。
二酸化炭素	少し溶ける。	石灰水を白くにごらせる。
窒素	溶けにくい。	燃えない。
水素	溶けにくい。	密度が最も小さい。
アンモニア	非常に溶けやすい。	特有な刺激臭がある。

注目 アンモニアは空気よりも密度が小さいため，上方置換法で集めることができる。

第3章　粒子のモデルと状態変化

p.106~p.123

□ 固体⇔液体⇔気体のように, 温度によって物質の状態が変わることを【状態変化】という。状態が変わるとき, 【体積】は変化するが, 【質量】は変化しない。

物質の状態変化

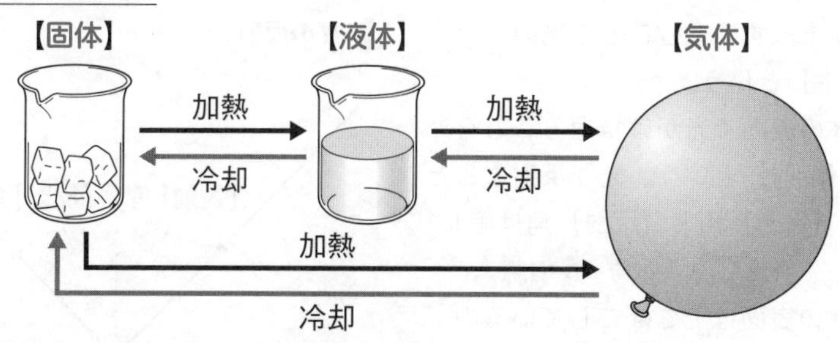

□ 固体が液体に変化するときの温度を【融点】という。

□ 液体が沸とうして気体に変化するときの温度を【沸点】という。

水の状態変化と温度

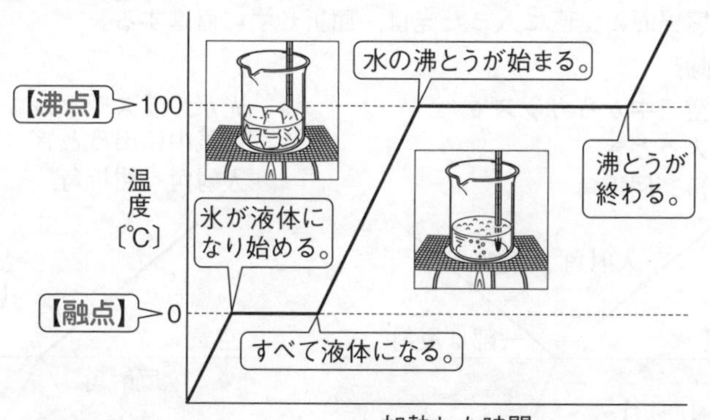

□ 液体を沸とうさせて得られた気体を集めて冷やし, ふたたび液体を得る操作のことを【蒸留】という。

まる暗記 沸点の低い物質から先に出てくる。

混合物の蒸留

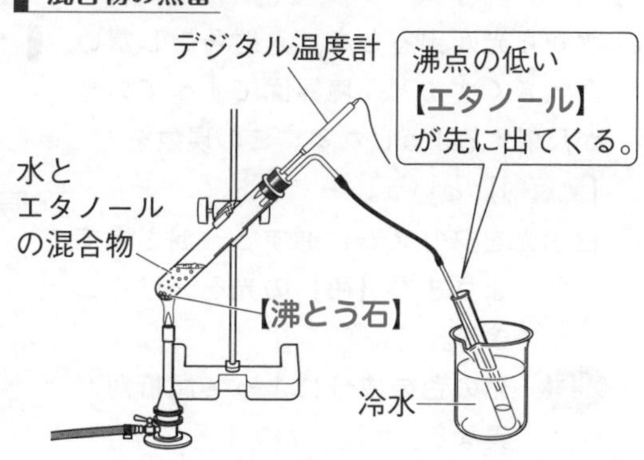

1－3　身のまわりの現象

教科書 p.128~p.187

第１章　光の性質

p.132~p.155

□ 太陽や電灯のように，自分で光を出す物体を【光源】という。

□ 光がまっすぐ進むことを光の【直進】という。

□ 物体の表面で光がはね返ることを光の【反射】という。光が反射するとき，【入射】角と【反射】角は等しい。　まる暗記 入射角＝反射角

□ 物体の表面はでこぼこしているので，光がいろいろな方向に反射する。この現象を【乱反射】という。

光の反射

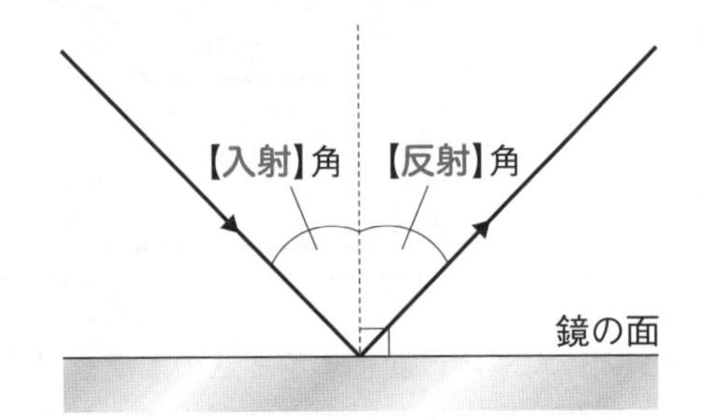

□ 光が異なる物質の境界面で折れ曲がって進む現象を光の【屈折】という。

注目 境界面に垂直に入った光は，屈折せずに直進する。

光の屈折

光が空気中からガラスや水に入るとき
入射角＞屈折角

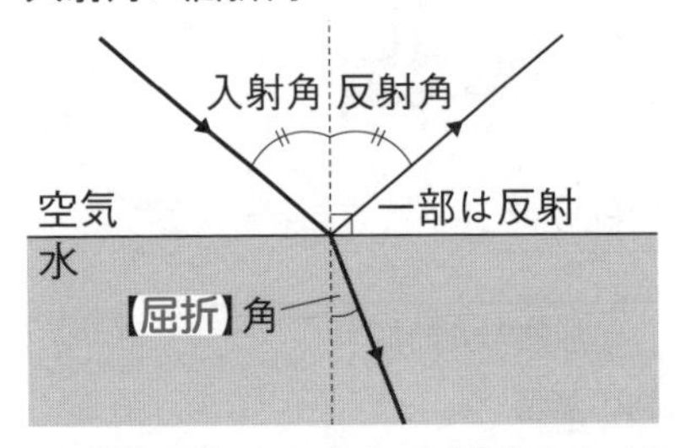

光がガラスや水から空気中に出るとき
入射角＜屈折角

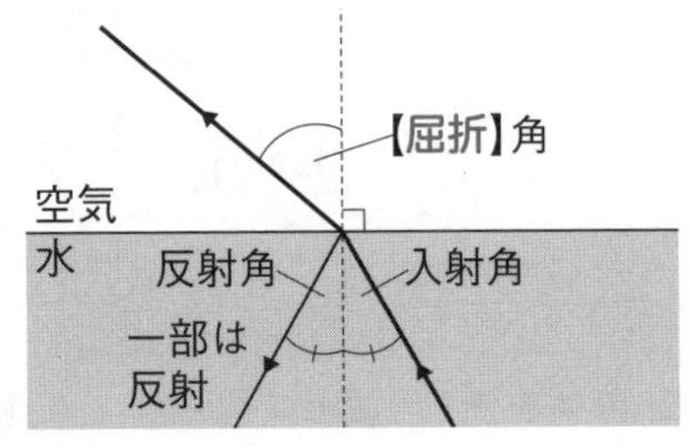

□ 水から光が出るとき，入射角をしだいに大きくすると，境界面ですべての光が反射するようになる。この現象を【全反射】という。

□ 白色光をプリズムに通すと，混ざっていたさまざまな【色】の光を分けることができる。

注目 光の色の成分によって屈折角が異なる。

全反射

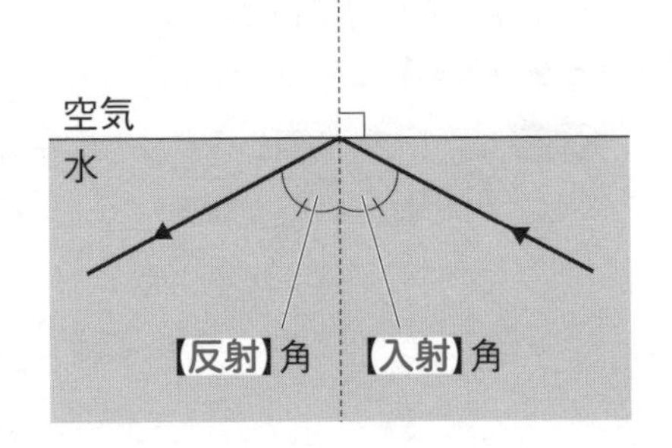

□ 虫めがねのように，中央をふくらませたレンズを【凸レンズ】という。

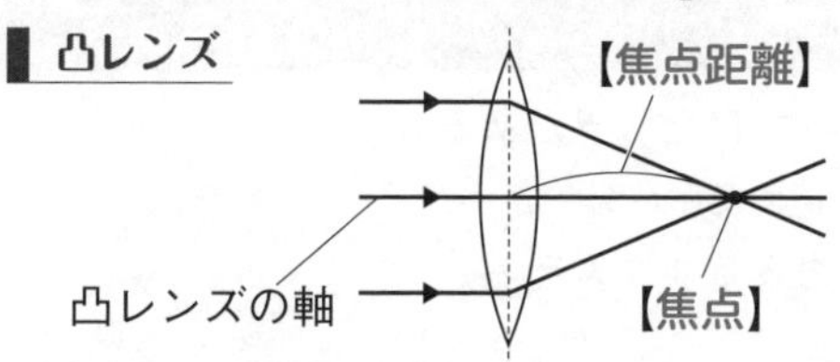

□ 凸レンズによって，実像や虚像ができる。

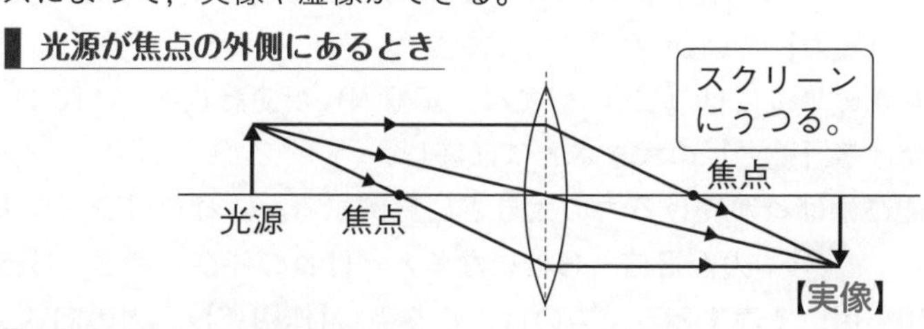

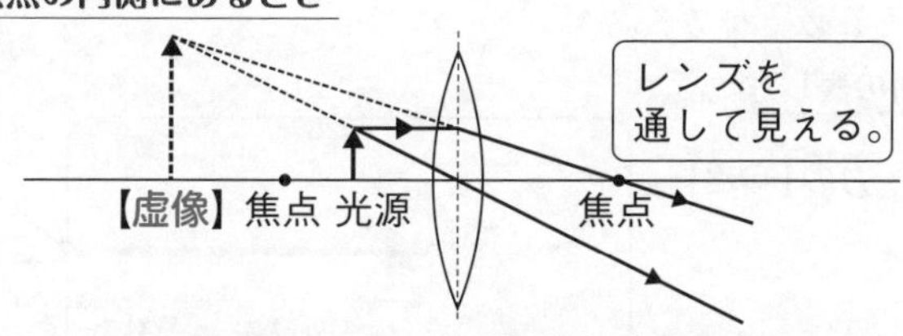

第2章　音の性質　p.156~p.165

□ 音を出す物体を【音源（発音体）】という。音は空気中を1秒間に約340m進む。

□ 音源の振動の幅を【振幅】，1秒間に音源が振動する回数を【振動数】という。振動数の単位は【ヘルツ】（記号【Hz】）である。

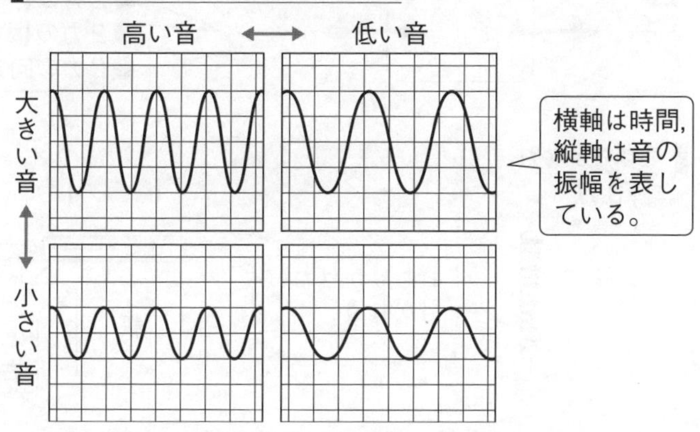

第3章　力のはたらき　p.166~p.183

□ 力には，以下のようなはたらきがある。
●物体の【形】を変える。
●物体の【運動】のようすを変える。
●物体を支える。

□ 地球上のすべての物体は，地球の中心に向かって引きつける力を受けている。この力を【重力】という。

□ 力の大きさの単位には【ニュートン】（記号N）が使われる。1Nは100gの物体が受ける【重力】の大きさとほぼ等しい。

□ ばねの伸びはばねが受ける力の大きさに比例する。これを【フックの法則】という。　注目　力が2倍，3倍になると，ばねの伸びも2倍，3倍になる。

□ 力を矢印を用いて表すとき，力のはたらく点（【作用点】），力の向き，力の大きさを考える必要がある。

力の表し方

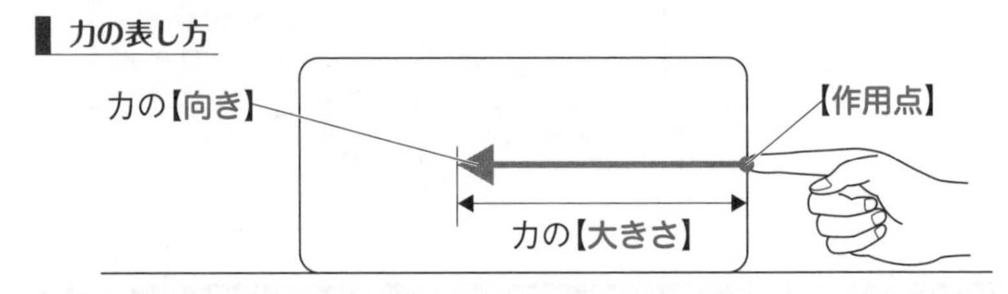

□ 1つの物体が2つ以上の力を受けても静止しているとき，物体が受ける力は，【つり合っている】という。

2力がつり合う条件

●2力は【一直線】上にある。
●2力の【大きさ】は等しい。
●2力の向きは【反対】である。

さまざまな力

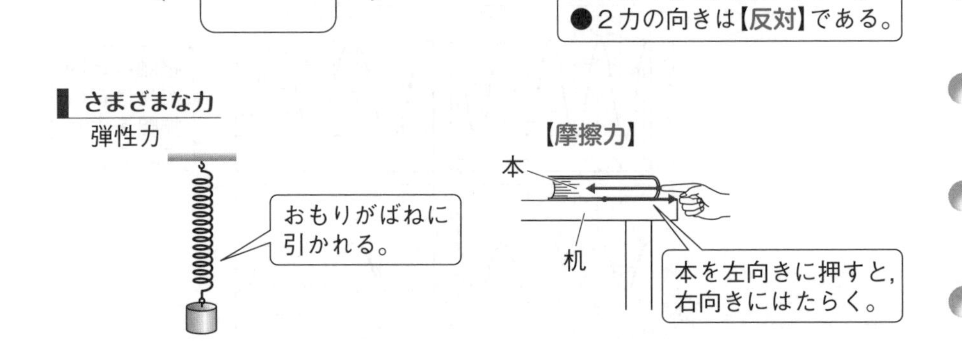

【磁力】

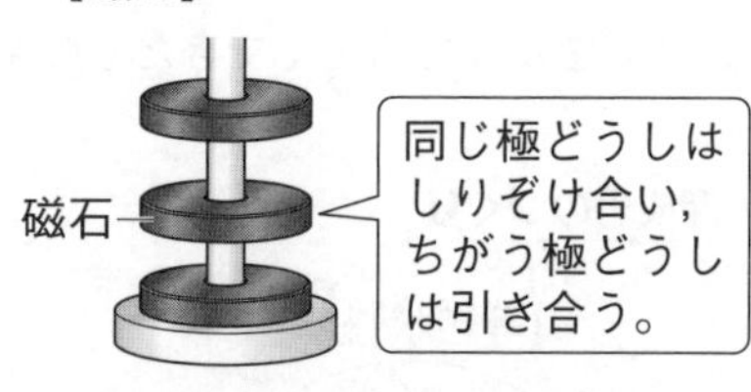

電気の力

□ 場所が変わっても変化しない，物体そのものの量を【質量】という。単位にはグラム（記号 g）やキログラム（記号 kg）が使われる。

1－4　大地の活動

教科書 p.188~p.257

第1章　火山～火を噴く大地～　p.192~p.209

□ 地下で岩石の一部が液体になったものを【マグマ】，マグマが火口から流れたものを【溶岩】，噴火によって火口から噴き出したものを【火山噴出物】という。

火山噴出物

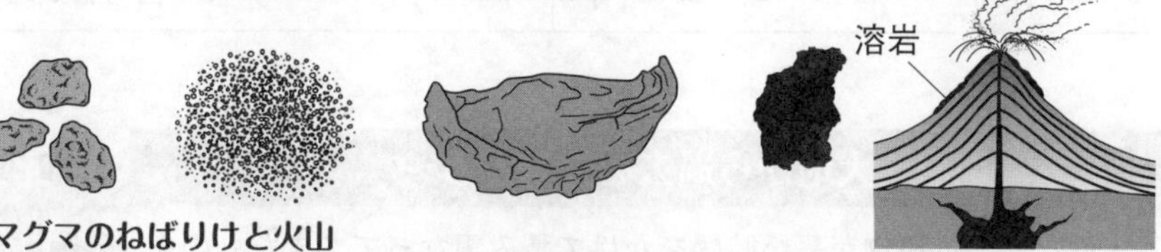

マグマのねばりけと火山

マグマのねばりけ	【小さい】 ←――→ 【大きい】		
火山の形	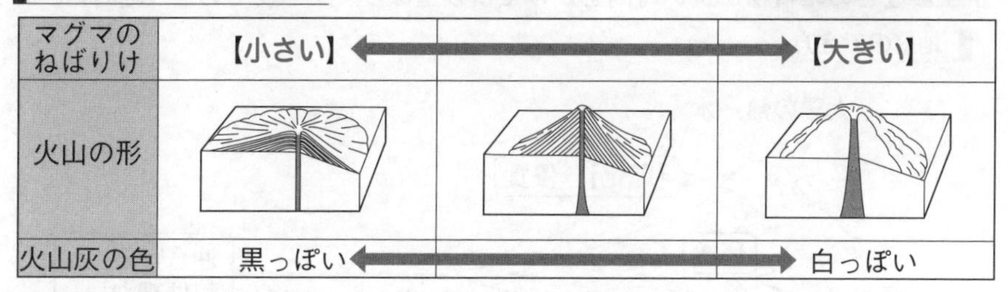		
火山灰の色	黒っぽい ←――→ 白っぽい		

□ マグマが冷えて固まるときにできた結晶を【鉱物】という。

火山にふくまれる主な鉱物

	【無色】鉱物		【有色】鉱物				
	セキエイ	チョウ石	クロウンモ	カクセン石	キ石	カンラン石	磁鉄鉱
鉱物	 無色，白色	 白色，灰色	 黒色，黒褐色	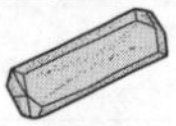 黒色，黒緑色	 黒色，黒緑色	 うす緑色	 黒色

□ マグマが冷え固まった岩石を【火成岩】という。このうち，地表付近で短い間に冷えてできたものを【火山岩】，地下で長い時間をかけて冷えてできたものを【深成岩】という。

火山岩のつくり

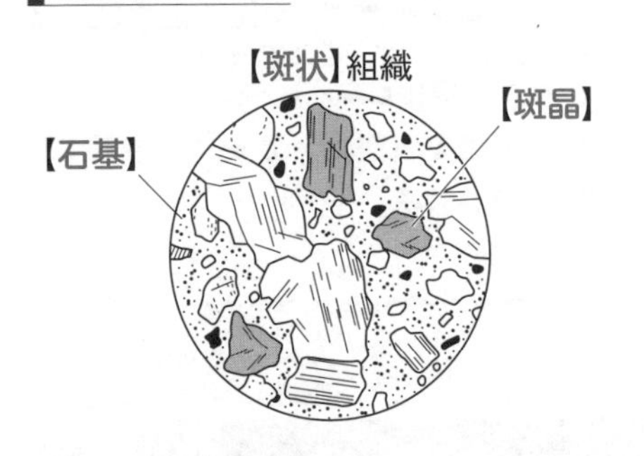

深成岩のつくり

火成岩の分類

火山岩	玄武岩	【安山岩】	流紋岩
深成岩	斑れい岩	せん緑岩	【花こう岩】
色合い	黒っぽい ←→		白っぽい

第2章　地層～大地から過去を読みとる～　p.210~p.229

□ 土砂などの堆積物が長い時間をかけて積み重なってできたものを【地層】という。

地層のでき方

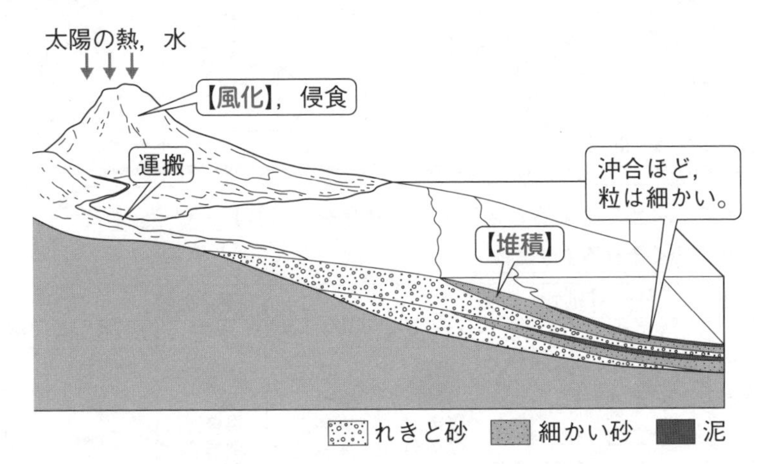

□ 堆積物が固まってできた岩石を【**堆積岩**】という。

いろいろな堆積岩

岩石名	堆積物	特徴
れき岩	れき	粒の直径が2mm 以上。
砂岩	砂	粒の直径が2～約 0.06mm。
泥岩	泥	粒の直径が約 0.06mm 以下。
【**石灰岩**】	生物の死がいなど	うすい塩酸をかけると二酸化炭素が発生。
【**チャート**】		うすい塩酸をかけても変化がない。
【**凝灰岩**】	火山灰	火山灰などでできている。

注目 凝灰岩があると，堆積した当時，火山活動があったことがわかる。

□ 生物の死がいや生活したあとなどが土砂にうめられ，長い年月をかけて残ったものを【**化石**】という。

□ 地層が堆積した当時の環境が推定できる化石を【**示相化石**】，地層が堆積した年代が推定できる化石を【**示準化石**】という。

注目 示準化石には，ある期間だけ広く分布していた生物の化石が適している。

□ 示準化石などをもとにした時代区分を【**地質年代**】という。

示準化石

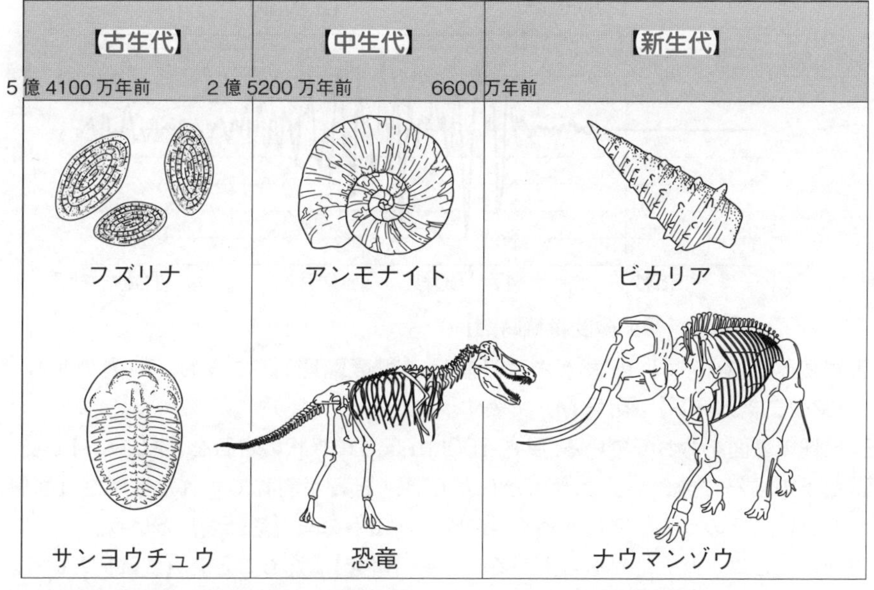

□ ある地点の地層の重なり方を柱のように表したものを【**柱状図**】という。

まる暗記 地層はふつう，下のものほど古い。

□ 離れた地点の地層を比較するときの目印になる層を【**かぎ層**】という。

第3章　地震～ゆれる大地～　p.230~p.253

□ 地震が発生した地下の場所を【震源】といい，その真上の地表の地点を【震央】という。

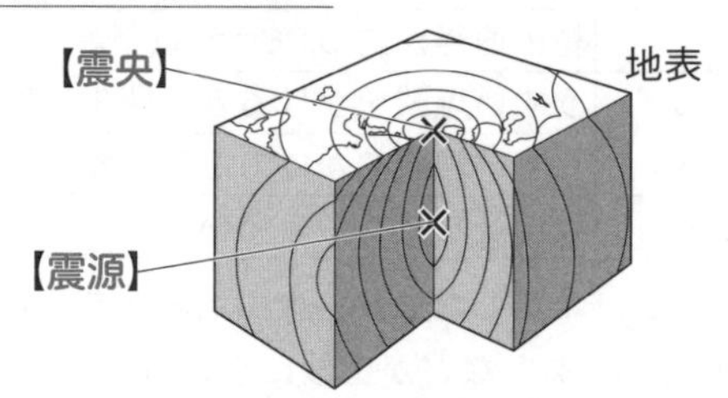

□ 地震ではじめに伝わる小さなゆれを【初期微動】，後から伝わる大きなゆれを【主要動】という。

□ 初期微動を伝える波を【P波】，主要動を伝える波を【S波】といい，P波とS波の到達時刻の差を【初期微動継続時間】という。

注目　震源から離れるほど初期微動継続時間が長くなる。

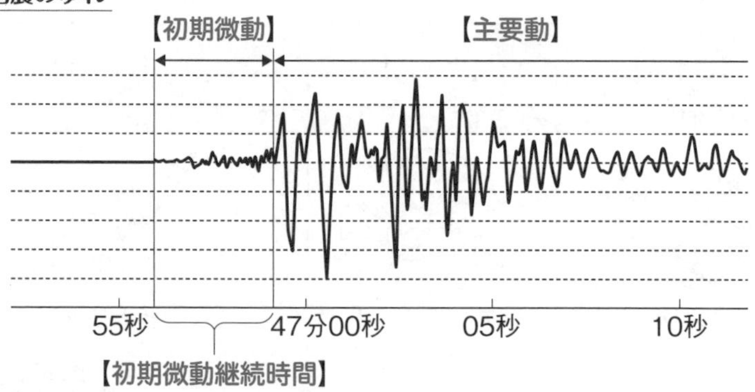

□ 観測地点でのゆれの大きさは【震度（震度階級）】で表し，地震の規模は【マグニチュード】（記号M）で表す。

□ 地球の表面をおおっている，厚さ100kmほどの板状の岩石を【プレート】という。

□ 地下の岩石に非常に大きな力がはたらき，岩石が割れてずれた場所を【断層】といい，そのうち，今後も動く可能性があるものを【活断層】という。

□ 地震などにより大地がもち上がることを【隆起】，沈むことを【沈降】という。

□ 地震により海底が急激に隆起し，海水がもち上げられて陸地に押し寄せることを【津波】という。

□ 地層に押す力がはたらいてできた，波打つような曲がりを【しゅう曲】という。

もくじ

学校図書版　理科1年

テストの範囲や学習予定日をかこう！

学習計画	
出題範囲	学習予定日
5/14 テストの日	5/10
	5/11

1-1 動植物の分類

第1章　身近な生物の観察
第2章　植物の分類(1)

①花弁
花びらのこと。

②やく
おしべの先端。袋状になっていて，中に花粉が入っている。

③柱頭
めしべの先端。

④胚珠
子房の内部に見られる小さな粒。

⑤被子植物
胚珠が子房の中にある花をもつ植物。

⑥果実
受粉後，子房が成長したもの。中に種子ができる。

テストに出る！ ココが要点　解答 p.1

1 生物の観察

教 p.22～p.31

1 双眼実体顕微鏡（そうがんじったいけんびきょう）

(1) 双眼実体顕微鏡　倍率は20～40倍で，ルーペでは見にくい(観察しにくい)試料を観察するのに適している。試料を両目で立体的に観察できる。

(2) ステージは黒い面と白い面があり，試料が見やすい面を使う。

図1

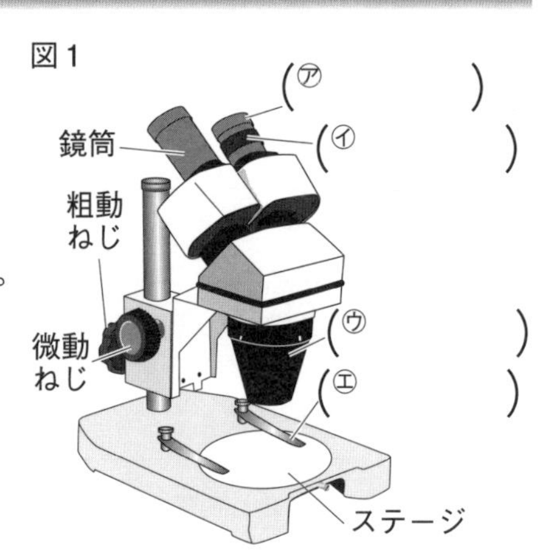

2 花をさかせる植物

教 p.33～p.42

1 花のつくり

(1) 花のつくり　いっぱんに，花の中心からめしべ，おしべ，(①　　　)，がくの順についている。

- おしべ…先端（せんたん）の袋状の部分を(②　　　)という。やくの中には花粉（かふん）が入っている。
- めしべ…先端を(③　　　)といい，もとのふくらんだ部分を子房（しぼう）という。子房の中には(④　　　)という小さな粒（つぶ）がある。

(2) (⑤　　　)　胚珠（はいしゅ）が子房の中にある花をもつ植物。

- 離弁花（りべんか）…アブラナのように，花弁（かべん）が1枚1枚はなれている花。
- 合弁花（ごうべんか）…ツツジのように，花弁がつながっている花。

(3) 花から種子（しゅし）へ　めしべの柱頭（ちゅうとう）に花粉がつくことを受粉（じゅふん）という。受粉すると成長して，子房は(⑥　　　)に，胚珠は種子になる。

図2 ●被子植物の花●

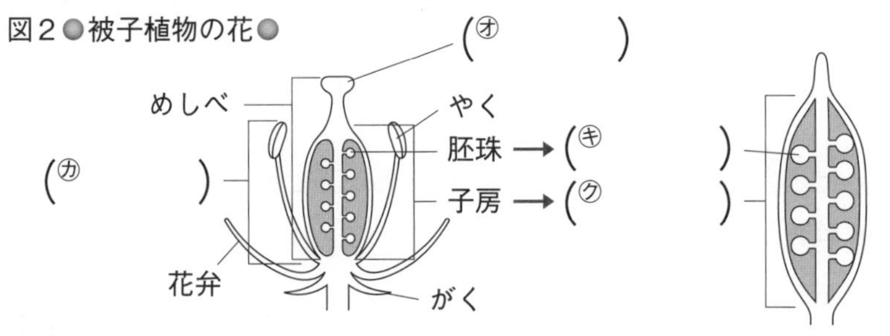

ココが要点の答えになります。

2 被子植物の分類の基準

(1) 葉のつくり

(⑦　　　　　) 葉にある筋。

- (⑧　　　　　)…網目状になっている葉脈。
  例アブラナ，ヒマワリ
- (⑨　　　　　)…平行にならんでいる葉脈。　例イネ，ネギ

図３ 葉脈

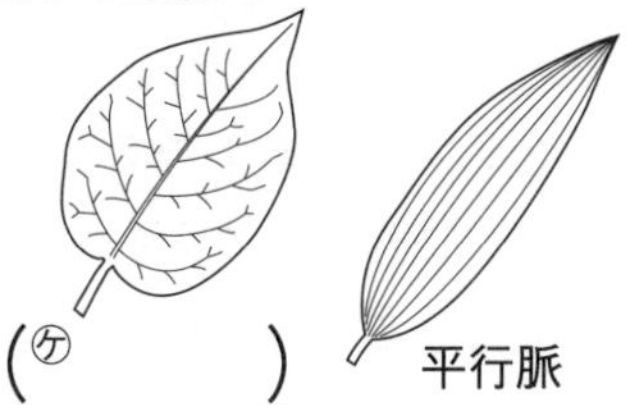

(ケ　　　　　)　平行脈

(2) 根のつくり

- アブラナ…(⑩　　　　　)という太い根から側根という細い根が数多く出ている。
  例ナズナ，タンポポ
- イネ…(⑪　　　　　)という同じような太さの根が数多く出ている。　例スズメノカタビラ，ススキ

図４ 根のつくり

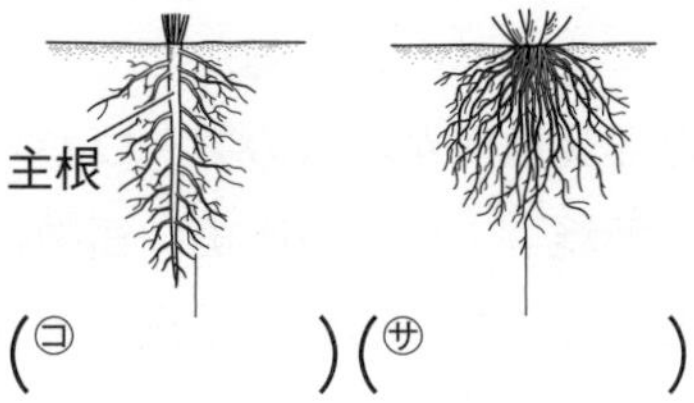

主根

(コ　　　　　)(サ　　　　　)

(3) (⑫　　　　　) 種子から出てくる最初の葉。

- (⑬　　　　　)…子葉が２枚であるなかま。いっぱん的に網状脈をもち，主根と側根の区別がある。
  双子葉類はさらに離弁花類と合弁花類に分類できる。
- (⑭　　　　　)…子葉が１枚であるなかま。いっぱん的に平行脈をもち，根はひげ根である。

3 マツの花のつくり

(1) マツの花　雄花と雌花がある。花弁やがくはない。

- 雄花のりん片…(⑮　　　　　)がついていて，その中に花粉が入っている。
- 雌花のりん片…胚珠がむき出しのままついている。

(2) 花粉が胚珠につくと，胚珠は種子になる。

(3) (⑯　　　　　) 胚珠がむき出しの花をもつ植物。

図５ マツの花と種子

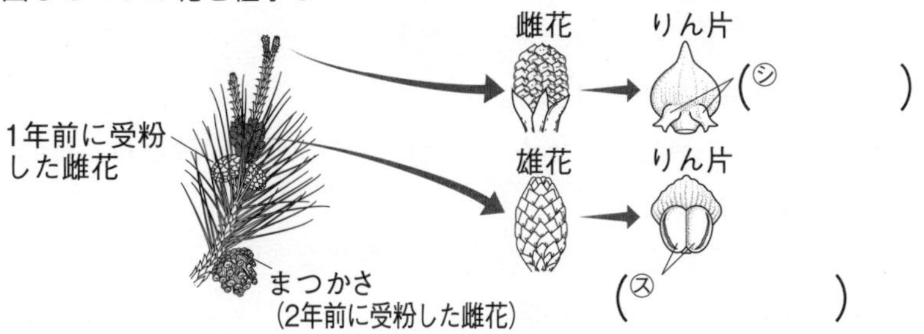

⑦葉脈
葉にある筋。

⑧網状脈
アブラナなどのように網目状の葉脈。

⑨平行脈
イネなどのように平行にならんでいる葉脈。

⑩主根
アブラナなどの根に見られる，中心にある太い根。

⑪ひげ根
イネなどの根に見られる，同じような太さの根。

⑫子葉
種子の中で最初につくられ，芽生えのときに出てくる葉。

⑬双子葉類
子葉が２枚の植物のなかま。アブラナやアサガオなど。

⑭単子葉類
子葉が１枚の植物のなかま。イネやスズメノカタビラなど。

⑮花粉のう
マツの雄花のりん片についているつくり。中に花粉が入っている。

⑯裸子植物
胚珠がむき出しの花をもつ植物。

テストに出る！

予想問題　第１章　身近な生物の観察－①　第２章　植物の分類(1)－①

30分　/100点

1 右の図は，校庭に見られたタンポポの１つの花を，ある器具を使って観察したときのスケッチである。これについて，次の問いに答えなさい。　4点×4〔16点〕

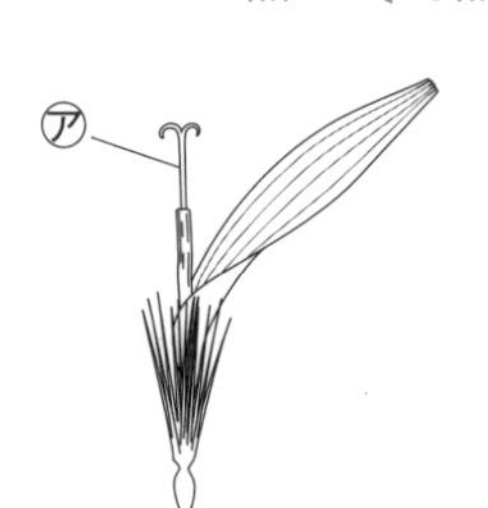

(1)　タンポポはどのような場所で多く見られるか。次の**ア**～**ウ**から選びなさい。　(　　)

ア　日当たりがよく，土がかわいている場所。

イ　日当たりが悪く，土がかわいている場所。

ウ　日当たりが悪く，土がしめっている場所。

(2)　観察した器具では，タンポポの花を動かしてピントを合わせた。このときに使った器具は何か。次の**ア**～**ウ**から選びなさい。　(　　)

ア　ルーペ　　**イ**　顕微鏡　　**ウ**　双眼実体顕微鏡

(3)　スケッチのしかたとして正しいものを，次の**ア**～**ウ**から選びなさい。　(　　)

ア　かげをつけて立体的にかく。

イ　細い線や点ではっきりとかく。

ウ　背景など，まわりのようすもすべてかく。

(4)　図の㋐の部分を何というか。　(　　　　)

よく出る **2** 右の図の双眼実体顕微鏡について，次の問いに答えなさい。　5点×6〔30点〕

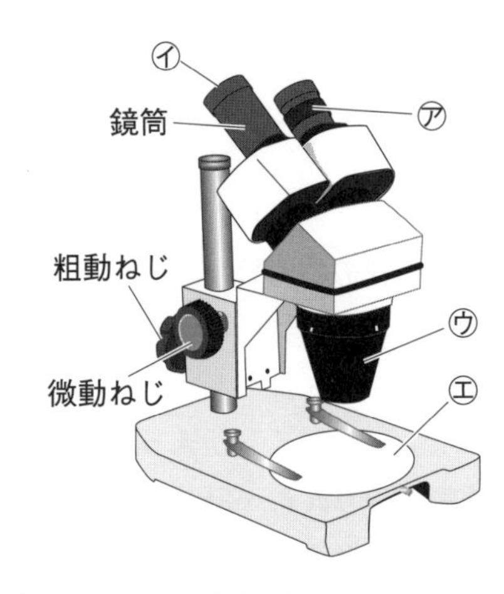

(1)　図の㋐～㋓の部分を，それぞれ何というか。

㋐(　　　　)
㋑(　　　　)
㋒(　　　　)
㋓(　　　　)

(2)　次の**ア**～**エ**の操作を，双眼実体顕微鏡の正しい使い方の順にならべなさい。

(　　→　　→　　→　　)

ア　粗動ねじをゆるめて鏡筒ごと上下させ，ピントをおおまかに合わせる。

イ　左目の視力に合わせるため，左目でのぞき，㋐を回し，右目のときと同じ部分がよく見えるようにする。

ウ　２つの㋑の間隔(かんかく)を自分の目の間隔に合わせる。

エ　右目の視力に合わせてピントを調節するため，右目だけでのぞき，微動ねじを回して，観察する部分がよく見えるようにする。

(3)　双眼実体顕微鏡の倍率は何倍くらいか。次の**ア**～**ウ**から選びなさい。　(　　)

ア　５～10倍　　**イ**　10～20倍　　**ウ**　20～40倍

3 右の図は，アブラナの花のつくりを表したものである。これについて，次の問いに答えなさい。
3点×13〔39点〕

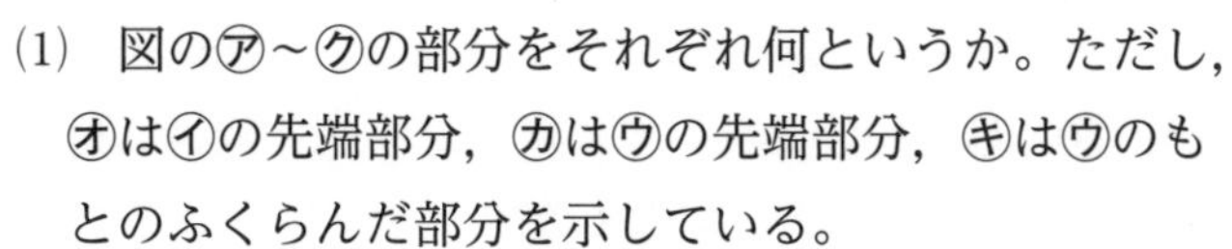

(1) 図のⓐ〜ⓚの部分をそれぞれ何というか。ただし，ⓞはⓘの先端部分，ⓚはⓤの先端部分，ⓚはⓤのもとのふくらんだ部分を示している。

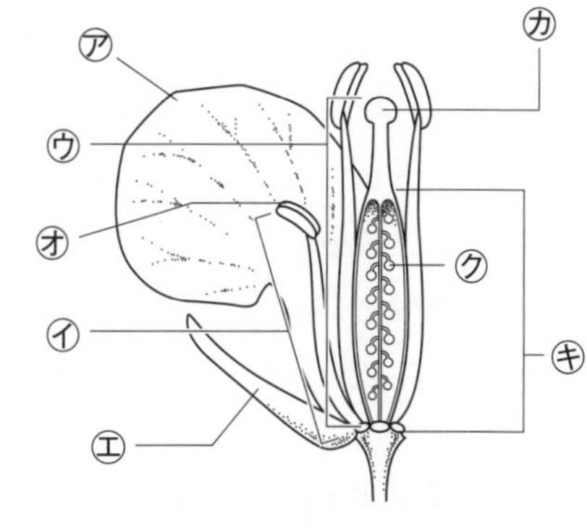

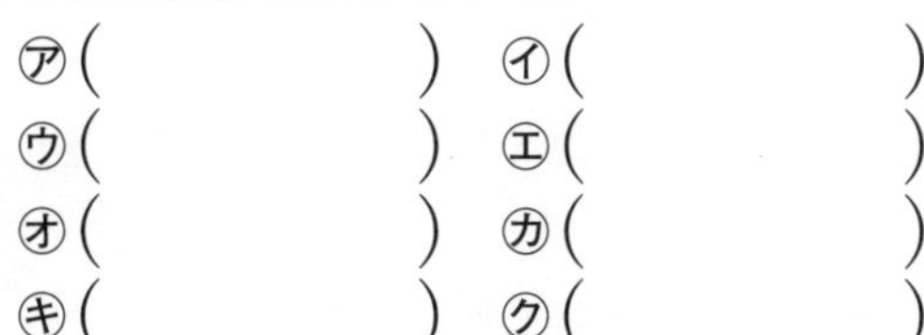

㋐(　　　　　)　㋑(　　　　　)
㋒(　　　　　)　㋓(　　　　　)
㋔(　　　　　)　㋕(　　　　　)
㋖(　　　　　)　㋗(　　　　　)

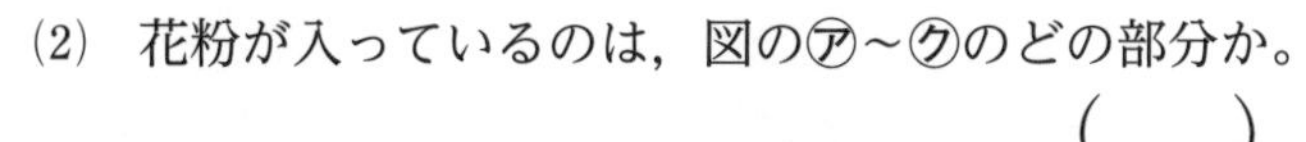

(2) 花粉が入っているのは，図の㋐〜㋗のどの部分か。(　　)

(3) 花粉が図の㋕につくことを何というか。(　　　　　)

(4) (3)が行われたあと，種子と果実になる部分を，図の㋐〜㋗からそれぞれ選びなさい。
種子(　　)
果実(　　)

(5) ㋗の部分が㋖の部分の中にある花をもつ植物を何というか。
(　　　　　)

よく出る **4** 下の図は，マツの花のスケッチである。これについて，あとの問いに答えなさい。
3点×5〔15点〕

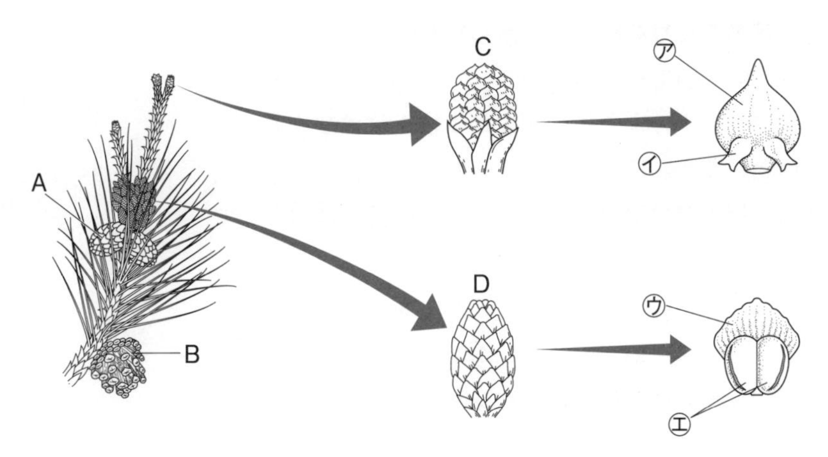

(1) 雄花は，図のA〜Dのどれか。(　　)

(2) 花粉が入っている部分は，図の㋐〜㋓のどれか。(　　)

(3) 成長してやがて種子になる部分は，図の㋐〜㋓のどれか。(　　)

(4) マツのように，(3)の部分がむき出しになっている花をもつ植物を何というか。
(　　　　　)

(5) (4)の植物のなかまはどれか。次のア〜エから選びなさい。(　　)

ア　アサガオ　　**イ**　エンドウ　　**ウ**　スギ　　**エ**　ツツジ

テストに出る！

予想問題　第１章　身近な生物の観察－②　第２章　植物の分類(1)－②

⏱30分　/100点

1 ルーペの使い方について，次の問いに答えなさい。　4点×3〔12点〕

(1)　小さい花を手に持ってルーペで観察するとき，ルーペの使い方として正しいものを，次のア～エから選びなさい。　(　　)

ア　レンズを目から離して持ち，ルーペを前後に動かしてピントを合わせる。

イ　レンズを目に近づけて持ち，顔を前後に動かしてピントを合わせる。

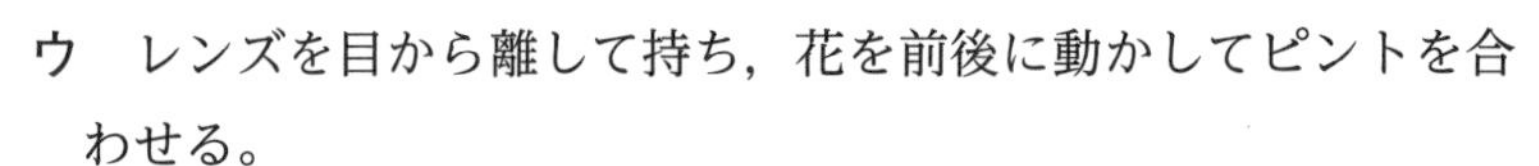

ウ　レンズを目から離して持ち，花を前後に動かしてピントを合わせる。

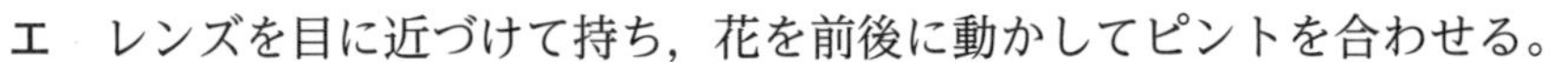

エ　レンズを目に近づけて持ち，花を前後に動かしてピントを合わせる。

(2)　次の文は，観察するものが動かせないときのルーペの使い方を説明したものである。①，②の(　)にあてはまる語句を，それぞれア～エから選びなさい。

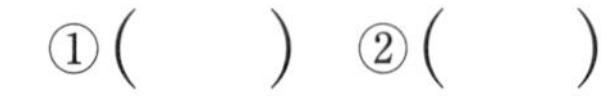

①(　　)　②(　　)

> 観察するものが動かせないときは，レンズを①(**ア**　目に近づけ　　**イ**　目から遠ざけ)て持ち，②(**ウ**　レンズ　　**エ**　顔)を前後に移動させて，ピントを合わせる。

2 右の図は，花のつくりを模式的に示したものである。これについて，次の問いに答えなさい。　5点×8〔40点〕

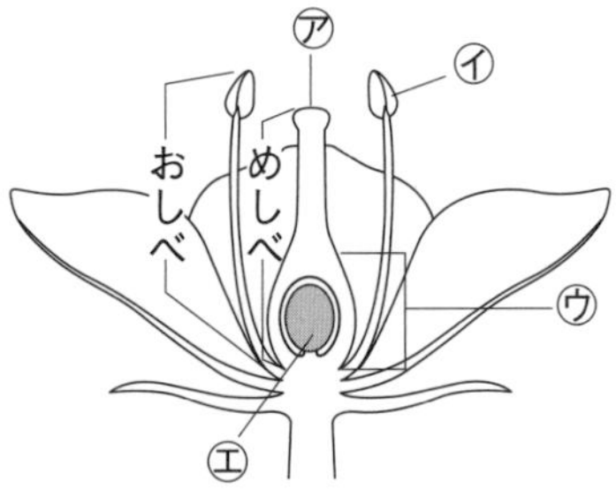

㋐　㋑　おしべ　めしべ　㋒　㋓

(1)　サクラやアブラナのように，花弁が１枚１枚はなれている花を何というか。　(　　　　)

(2)　めしべの先端の㋐の部分，おしべの先端の㋑の部分をそれぞれ何というか。

㋐(　　　　)

㋑(　　　　)

(3)　㋑の中でつくられるものを何というか。

(　　　　)

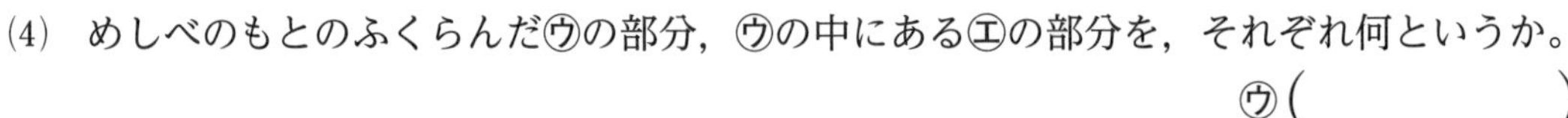

(4)　めしべのもとのふくらんだ㋒の部分，㋒の中にある㋓の部分を，それぞれ何というか。

㋒(　　　　)

㋓(　　　　)

(5)　㋑でつくられた(3)が，㋐につくことを何というか。

(　　　　)

(6)　(5)が起こったあと，成長して種子になるのは，㋐～㋓のどの部分か。　(　　)

3 右の図は，ある植物の根のようすを表したものである。これについて，次の問いに答えなさい。 4点×3〔12点〕

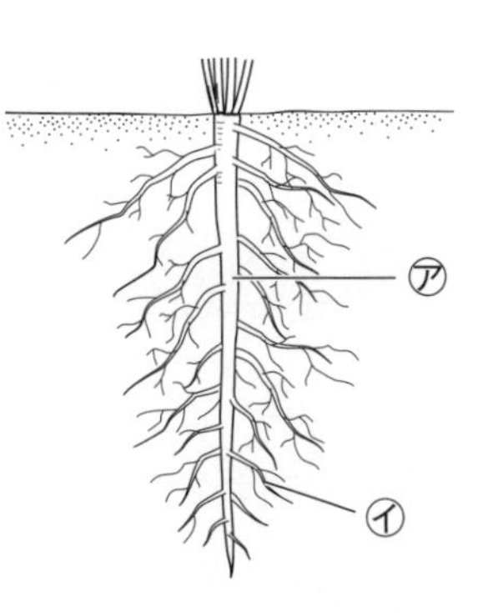

(1) 図の㋐，㋑の根を，それぞれ何というか。

㋐（　　　　　）　㋑（　　　　　）

(2) 図と同じような根のつくりをもつ植物のなかまを，次のア〜エからすべて選びなさい。（　　　　　）

ア　トウモロコシ　　イ　ヒマワリ
ウ　イネ　　　　　　エ　アサガオ

4 右の図は，被子植物を2つに分類するときの植物の特徴を表したものである。これについて，次の問いに答えなさい。4点×7〔28点〕

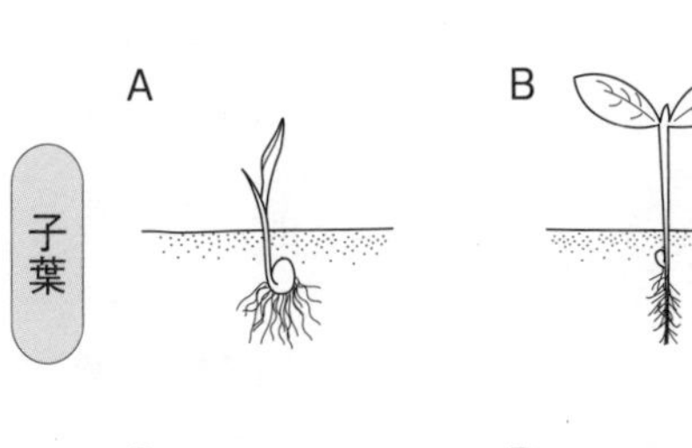

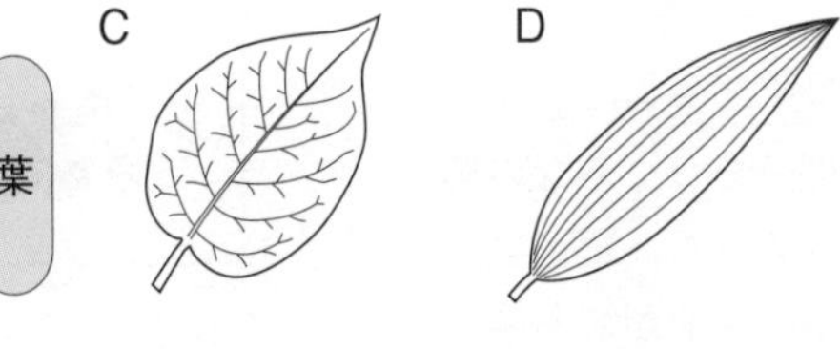

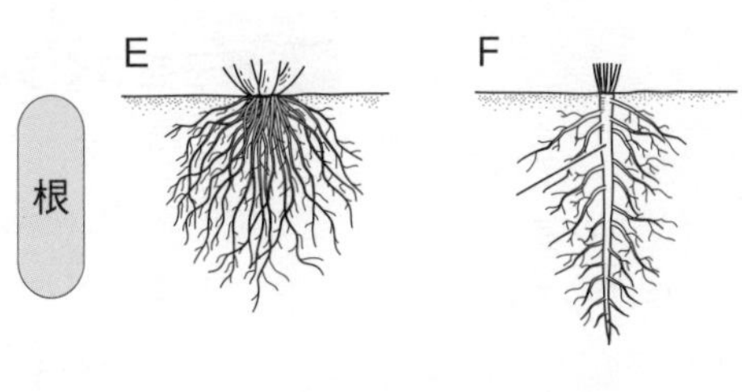

(1) 図のA，Bのような子葉をもつ植物のなかまを，それぞれ何というか。

A（　　　　　）
B（　　　　　）

(2) 図のC，Dは，植物の葉のようすを表している。C，Dの葉脈を，それぞれ何というか。

C（　　　　　）
D（　　　　　）

(3) 図のE，Fは，植物の根のようすを表している。図のEのような根を何というか。

（　　　　　）

(4) 図のBのような子葉をもつ植物のなかまは，どのような葉，根をもっているか。図のC〜Fから，それぞれ1つずつ選びなさい。　葉（　　）　根（　　）

5 被子植物を，右の図のようになかま分けした。①，②にあてはまる分類の観点を，次のア〜エからそれぞれ選びなさい。 4点×2〔8点〕

①（　　）　②（　　）

ア　花弁が1枚1枚はなれているか，つながっているか。
イ　胚珠が子房の中か，むき出しか。
ウ　花がさくか，さかないか。
エ　子葉が1枚であるか，2枚であるか。

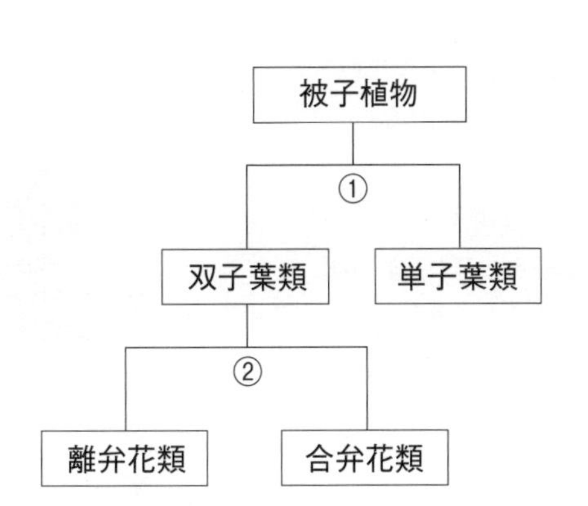

第2章　植物の分類(2)

①種子植物
種子でふえる植物。

②被子植物
胚珠が子房の中にある植物。

③裸子植物
胚珠がむき出しになっている植物。

④シダ植物
種子をつくらない植物のうち，根，茎，葉の区別がある植物。

⑤胞子のう
胞子が入っているつくり。シダ植物では，葉の裏にあるものが多い。

⑥胞子
胞子のうの中にあるもの。シダ植物やコケ植物は，この胞子によってふえる。

⑦コケ植物
種子をつくらない植物のうち，根，茎，葉の区別がない植物。

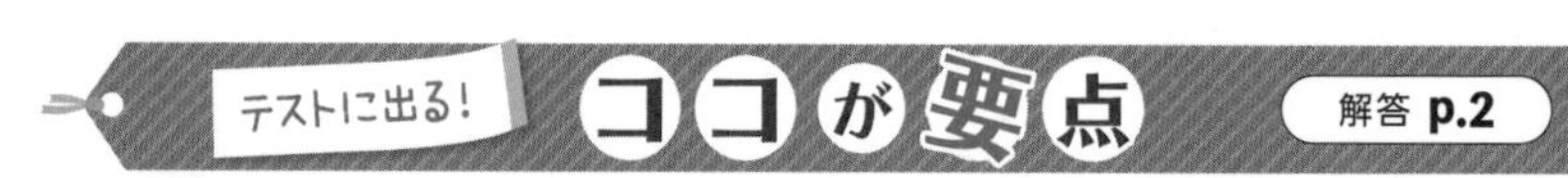

① 種子をつくる植物・つくらない植物　教 p.43～p.46

1 種子植物

(1)　種子植物の分類　花粉や胚珠をつくり，種子でふえる植物のなかまを(①　　　　)という。そのうち，胚珠が子房の中にある植物を(②　　　　)，胚珠がむき出しになっている植物を(③　　　　)という。

図1

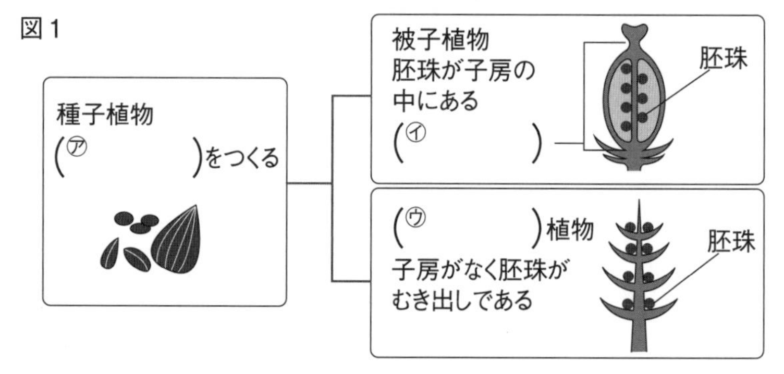

2 種子をつくらない植物

(1)　(④　　　　)　イヌワラビやゼンマイなど。

特徴 ●根，茎，葉に分かれている。
●多くの場合，葉の裏に(⑤　　　　)があり，その中にある(⑥　　　　)でふえる。

(2)　(⑦　　　　)　スギゴケやゼニゴケなど。

特徴 ●根，茎，葉の区別がない。
●多くのコケ植物には，雌株と雄株があり，雌株にある胞子のうでつくられる胞子でふえる。

図2

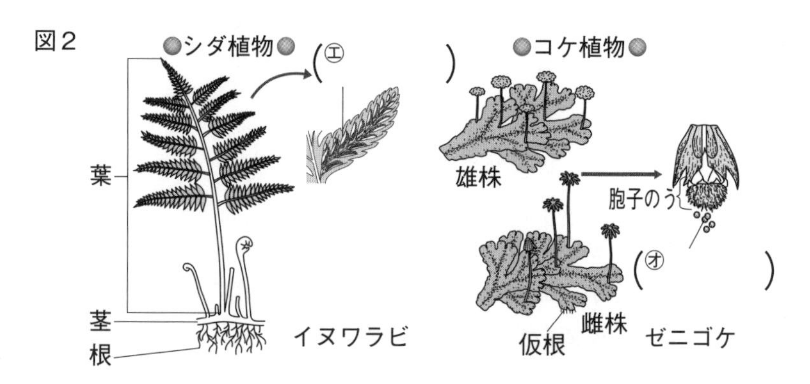

ココが要点の答えになります。

3 植物の分類

図3 ●植物のなかま分け●

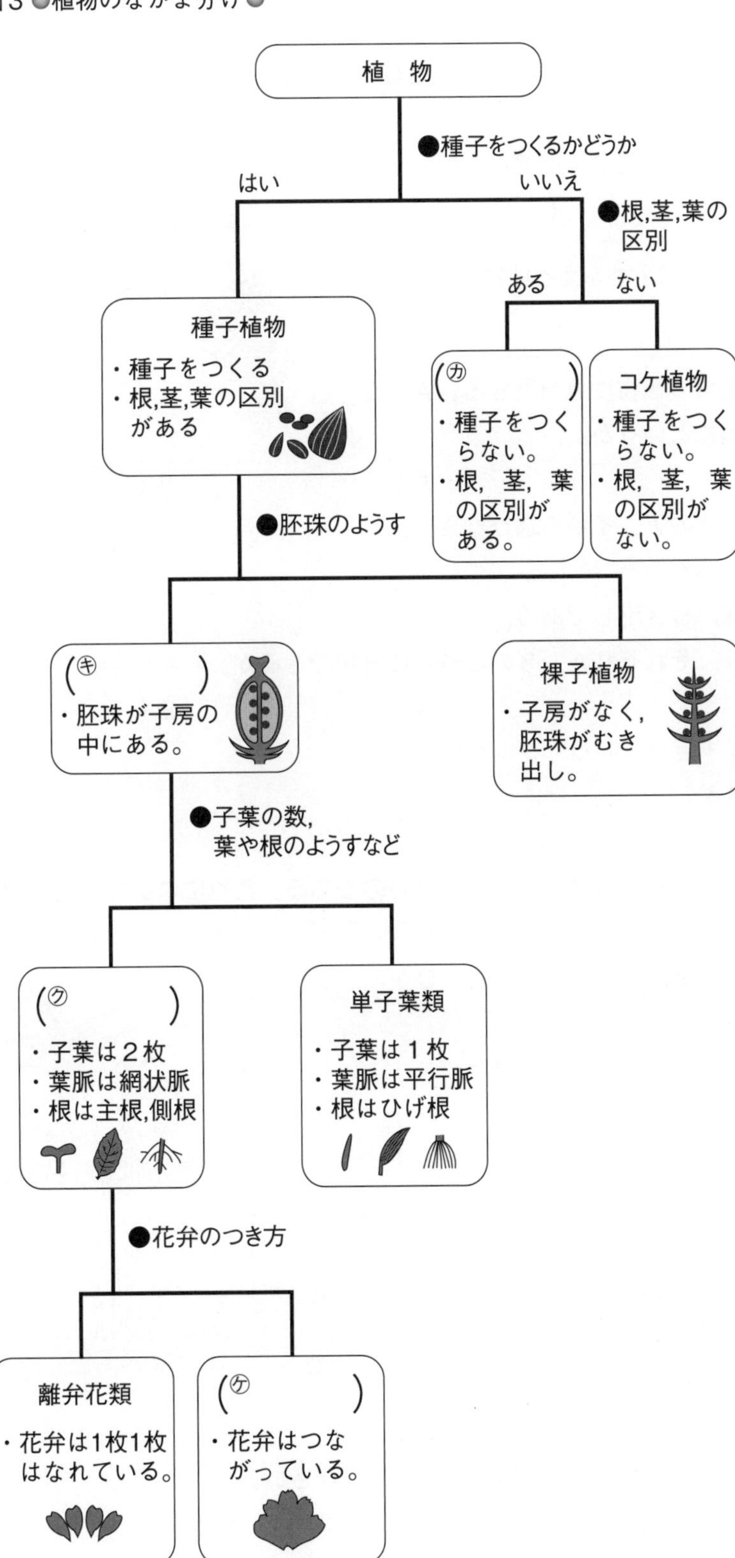

満点★ミッション

ポイント

植物には，種子をつくるもの(種子植物)と，つくらないもの(シダ植物，コケ植物)がある。種子植物は胚珠のようすで被子植物と裸子植物に分けられる。

ポイント

被子植物は子葉の数や葉脈，根のようすで双子葉類と単子葉類に分けられる。さらに双子葉類は，花弁のつき方から，合弁花類と離弁花類に分けられる。

それぞれの植物の特徴で，なかま分けができるようにしておこう。

解答 p.2

テストに出る！

予想問題　第２章　植物の分類(2)

30分　/100点

1 右の図は，マツ(A)，アブラナ(B)の花を表したものである。これについて，次の問いに答えなさい。
5点×6〔30点〕

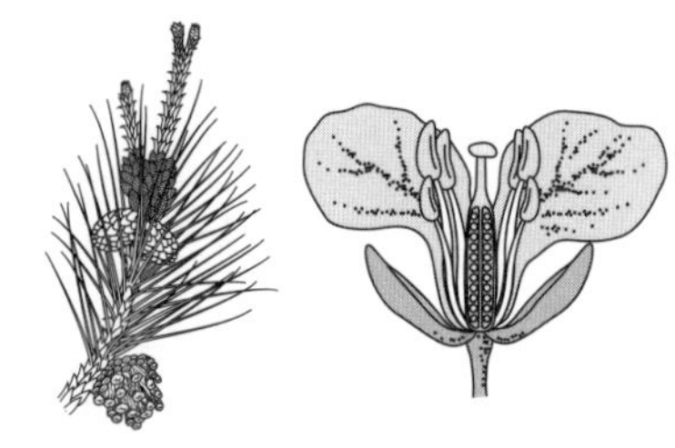

(1) 次の文の(　)にあてはまる言葉を書きなさい。
(　　　　　)

> 花粉や胚珠をつくり，種子でふえる植物を(　　)という。

(2) (1)は，A，Bの２種類の植物に分類できる。A，Bの植物をそれぞれ何植物というか。

A(　　　　　) B(　　　　　)

(3) Aの植物の特徴を，次のア，イから選びなさい。(　　)

ア 胚珠が子房の中にある。

イ 子房がなく，胚珠がむき出しである。

(4) 次のア～オの植物は，それぞれA，Bのどちらに分類できるか。

A(　　　　　) B(　　　　　)

ア ツツジ　イ イチョウ　ウ タンポポ

エ サクラ　オ スギ

よく出る **2** 右の図は，イヌワラビのからだのつくりを表したものである。これについて，次の問いに答えなさい。
4点×7〔28点〕

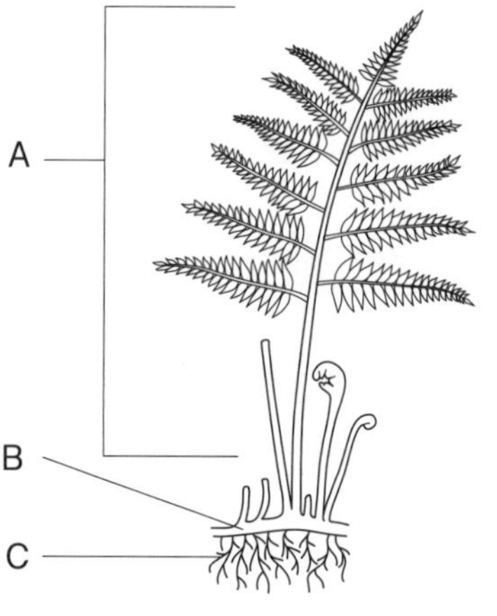

(1) イヌワラビの根，茎，葉はどれか。図のA～Cからそれぞれ選びなさい。

根(　　)

茎(　　)

葉(　　)

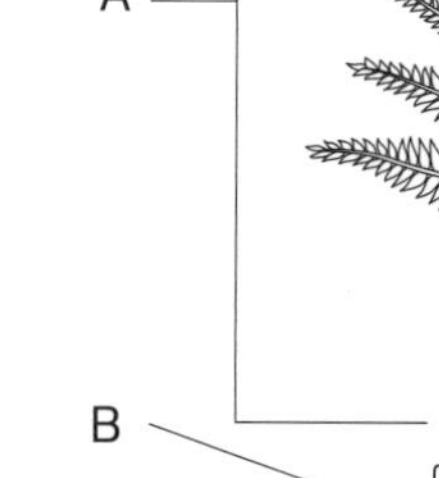

(2) イヌワラビは何をつくってなかまをふやすか。
(　　　　　)

(3) (2)は，何というつくりの中にあるか。
(　　　　　)

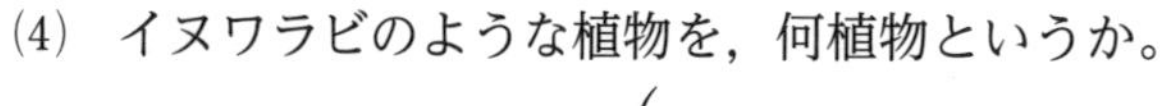

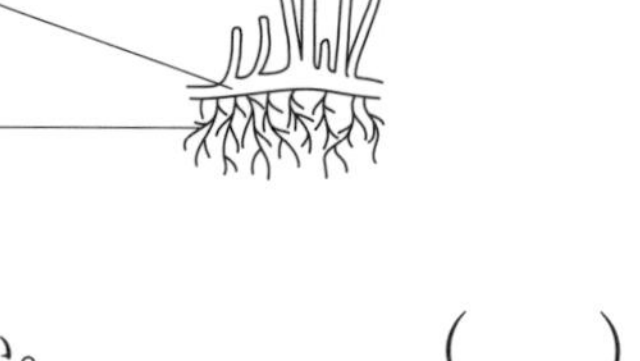

(4) イヌワラビのような植物を，何植物というか。
(　　　　　)

(5) イヌワラビと同じ(4)のなかまを，次のア～エから選びなさい。(　　)

ア ツツジ　イ ゼンマイ　ウ マツ　エ スギゴケ

3 右の図は，ゼニゴケのからだのつくりを表したものである。これについて，次の問いに答えなさい。 3点×6〔18点〕

(1) 図で，雄株を表しているのは㋐，㋑のどちらか。 (　　)

(2) 図のAと，Aの中にあるBをそれぞれ何というか。

A (　　　　　)

B (　　　　　)

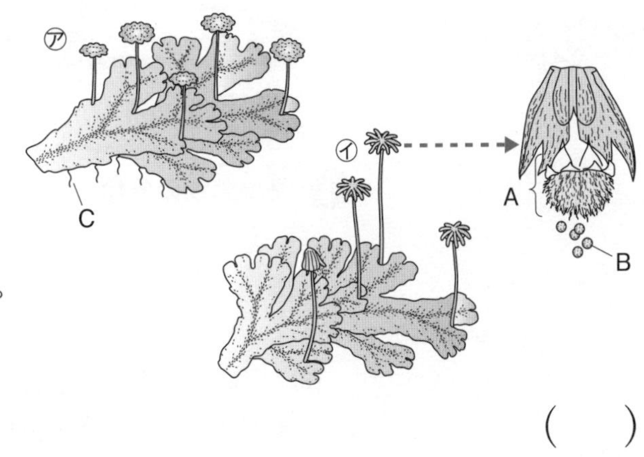

(3) 根のようなCの部分を何というか。

(　　　　　)

(4) ゼニゴケの特徴を，次のア〜エから選びなさい。 (　　)

ア　花をさかせる。

イ　根，茎，葉の区別がある。

ウ　Bが地面に落ちて発芽する。

エ　日光がよく当たるところに生えている。

(5) ゼニゴケのような植物を，何植物というか。 (　　　　　)

よく出る **4** 右の図のように，A〜Dの特徴によって植物を分類した。これについて，次の問いに答えなさい。 4点×6〔24点〕

(1) 図のBの特徴の(　)にあてはまる言葉を答えなさい。

(　　　　　)

(2) 図の①，④にあてはまる植物のなかまをそれぞれ何というか。

① (　　　　　)

④ (　　　　　)

(3) 図の③のからだのつくりにあてはまるものを，次のア〜エからすべて選びなさい。 (　　　　　)

ア　ひげ根をもつ。

イ　主根と側根からなる根をもつ。

ウ　葉脈は平行脈である。

エ　葉脈は網状脈である。

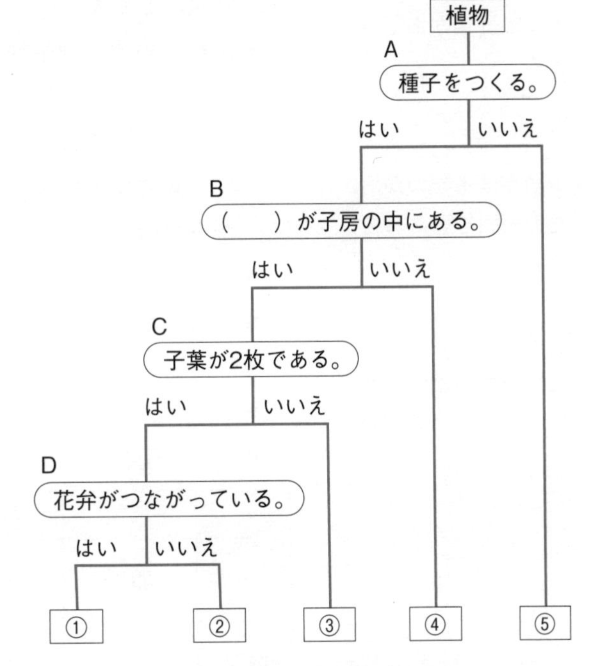

(4) 図の②，⑤にあてはまる植物はどれか。次のア〜オからそれぞれ選びなさい。

② (　　)　⑤ (　　)

ア　タンポポ　　イ　スギ　　ウ　サクラ　　エ　イヌワラビ　　オ　イネ

1-1 動植物の分類

第３章　動物の分類

①脊椎動物
背骨をもつ動物のなかま。

②無脊椎動物
背骨をもたない動物のなかま。

③卵生
子が卵でうまれるうまれ方。魚類，両生類，は虫類，鳥類があてはまる。

④胎生
親と同じようなすがたでうまれるうまれ方。哺乳類があてはまる。

⑤うろこ
魚類やは虫類のからだの表面をおおっているもの。

⑥羽毛
鳥類のからだの表面をおおっているもの。

テストに出る！ ココが要点　解答 p.3

① 脊椎動物

教 p.49～p.53

1 脊椎動物の分類

(1) (①　　　　) 背骨(脊椎)をもつ動物。魚類，両生類，は虫類，鳥類，哺乳類に分けられる。
(②　　　　) 背骨をもたない動物。脊椎動物以外の動物。

(2) 子のうみ方・育ち方

- (③　　　　)…魚類，両生類，は虫類，鳥類の子のうまれ方。親が卵をうみ，卵から子がかえる。魚類はかたい殻のない卵を水中にうみ，両生類もかたい殻のない卵を水中にうむ。は虫類と鳥類は殻のある卵を陸上にうむ。
- (④　　　　)…哺乳類の子のうまれ方。母親の子宮の中で子は育ち，親と同じようなすがたでうまれる。子は母親の乳を飲んで育つ。

(3) 呼吸のしかた

- えら…魚類，両生類の幼生が呼吸を行うところ。両生類の幼生はえらだけでなく皮ふからも呼吸する。
- 肺…両生類の成体，は虫類，鳥類，哺乳類が呼吸を行うところ。両生類の成体は皮ふからも呼吸する。

(4) からだの表面

- (⑤　　　　)…魚類，は虫類のからだの表面をおおうもの。
- 粘液でおおわれた皮ふ…両生類のからだは粘液でおおわれ，常にしめっている。
- (⑥　　　　)…鳥類のからだの表面をおおうもの。
- 体毛…哺乳類のからだの表面をおおうもの。

	魚類	両生類	は虫類	鳥類	哺乳類
子	卵生	卵生	卵生	卵生	(㋐　　　)
呼吸	(㋑　　　)	幼生 えらや皮ふ ／ 成体 肺や皮ふ	(㋒　　　)	肺	肺
からだの表面	うろこ	粘液でおおわれた皮ふ	うろこ	羽毛	体毛

ココが要点の答えになります。

② 無脊椎動物

教 p.54～p.57

1 無脊椎動物

(1) 無脊椎動物　背骨をもたない動物。

- (⑦　　　　)…外骨格をもち，からだに節がある動物。

例トンボ，バッタなどの(⑧　　　　)
エビ，カニなどの(⑨　　　　)
クモのなかま，ムカデのなかま

- (⑩　　　　)…外とう膜をもち，骨格や節がない動物。

例イカ，タコ，貝

- そのほかの無脊椎動物…海水中にすむ動物が多い。

例サンゴ，クラゲ，ウニ，ミミズ

③ 動物の分類

教 p.58～p.59

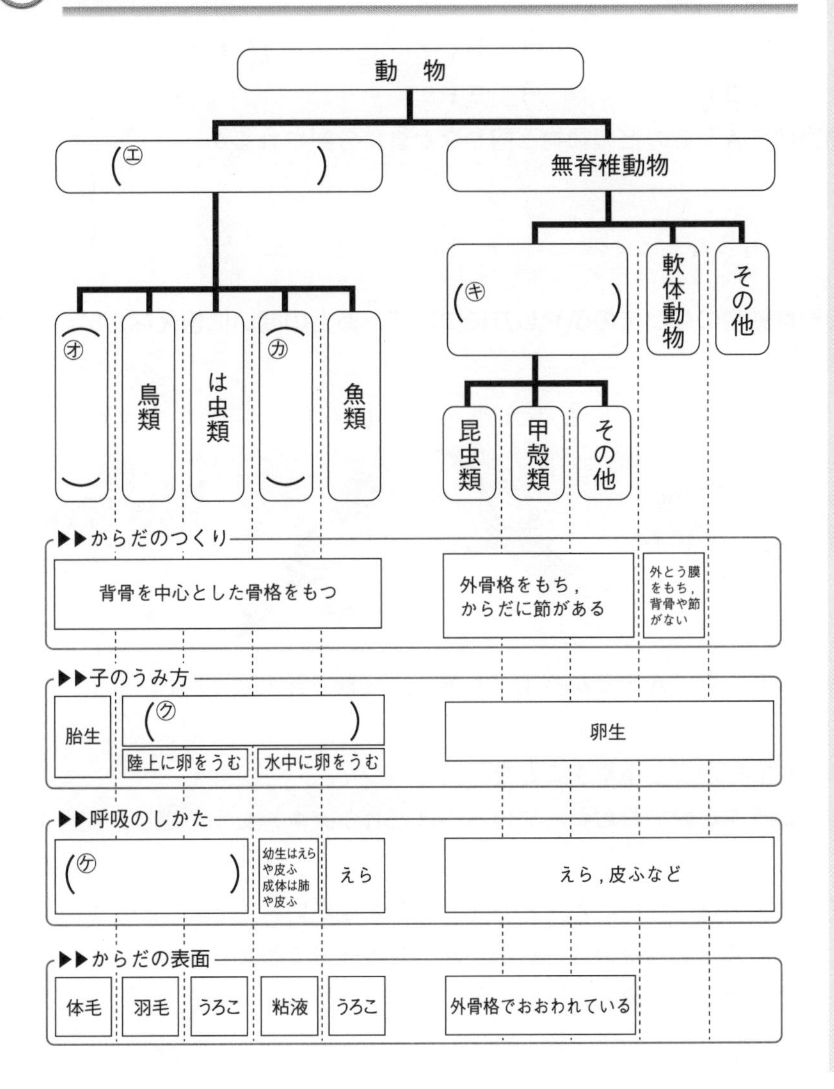

満点ミッション

⑦節足動物
からだに節があり，外骨格をもつ動物。

⑧昆虫類
節足動物のなかまの1つ。からだが頭部，胸部，腹部に分かれ，3対(6本)のあしがある動物。

⑨甲殻類
節足動物のなかまの1つ。エビやカニ，ミジンコなど。

⑩軟体動物
背骨や節がなく，外とう膜をもつ動物。

ポイント
ウニやヒトデは卵生で，えらや皮ふでの呼吸など，呼吸の方法は分類によっていろいろである。

分類の基準ではないけれど，植物を主に食べる動物を草食動物，ほかの動物を主に食べる動物を肉食動物というよ。

解答 p.3

テストに出る！

予想問題　第3章　動物の分類

30分　/100点

1 下の図の５種類の動物について，あとの問いに答えなさい。　4点×8〔32点〕

A メダカ　B カエル　C ヘビ　D ニワトリ　E イヌ

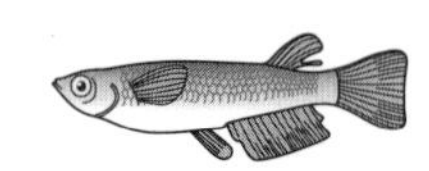

(1) A～Eの動物のからだに共通していることは何か。簡単に答えなさい。
(　　　　　　　　)

(2) A～Eの動物を，からだのつくりや生活のしかたなどでなかま分けすると，それぞれ何類に分類されるか。

A(　　　　)　B(　　　　)　C(　　　　)
D(　　　　)　E(　　　　)

(3) 次の①，②の動物は，A～Eのどの動物と同じなかまに分類されるか。
① イモリ　(　　)
② イルカ　(　　)

2 下の図の５種類の脊椎動物のなかまのふやし方について，あとの問いに答えなさい。
4点×6〔24点〕

A カツオ　B イモリ　C トカゲ　D ハト　E キツネ

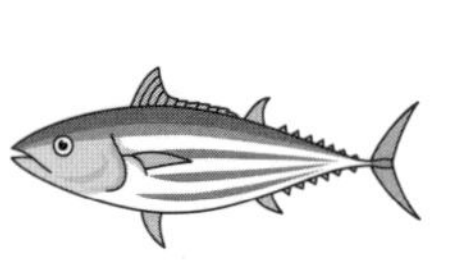

(1) 水中に卵をうむのはどれか。A～Eからすべて選び，記号で答えなさい。
(　　　　)

(2) 卵をうむことによってなかまをふやすことを，何というか。　(　　　　)

(3) 卵が弾力のあるじょうぶな殻でおおわれているのはどれか。A～Eから選び，記号で答えなさい。　(　　　　)

(4) 卵を親が温めてかえすのはどれか。A～Eの記号で答えなさい。　(　　)

(5) 親と同じようなすがたの子をうむのはどれか。A～Eの記号で答えなさい。　(　　)

(6) (5)のようななかまのふやし方を何というか。　(　　　　)

3 下の表は，脊椎動物についてまとめたものである。これについて，あとの問いに答えなさい。

4点×4〔16点〕

	魚類	両生類	は虫類	鳥類	哺乳類
呼吸のしかた	㋐	幼生は㋐や皮ふ 成体は肺や皮ふ	肺	肺	㋓
子のうみ方	卵生	卵生	卵生	卵生	㋔
からだの表面	うろこ	㋑でおおわれた皮ふ （しめっている）	㋒	羽毛	㋕

(1) 表の㋐〜㋒にあてはまる言葉を，それぞれ答えなさい。

㋐（　　　　）　㋑（　　　　）　㋒（　　　　）

(2) 哺乳類について，鳥類と共通する特徴は何か。表の㋓〜㋕から選びなさい。

（　　）

4 下の図は，無脊椎動物を分類したものである。これについて，あとの問いに答えなさい。

4点×7〔28点〕

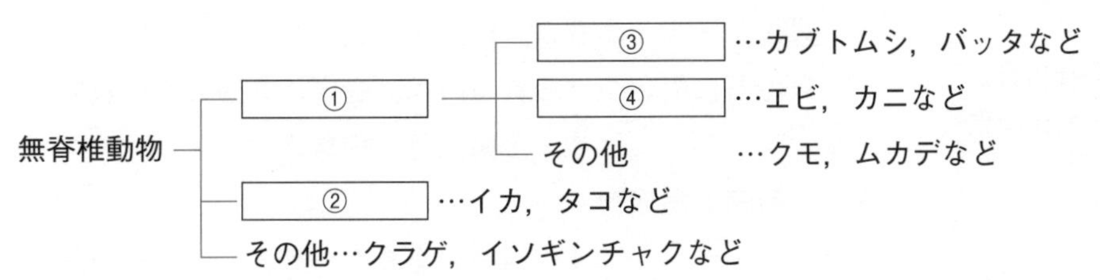

(1) ①の動物は，からだの外側がかたい殻におおわれている。この殻を何というか。

（　　　　）

(2) (1)の殻をもち，からだに節がある①の動物を何動物というか。

（　　　　）

(3) ②の動物は，内臓が膜でおおわれている。この膜を何というか。

（　　　　）

(4) (3)の膜をもち，背骨や節がない②の動物を何動物というか。

（　　　　）

(5) 次のア〜エのうち，②の動物のなかまはどれか。（　　）

ア　ザリガニ　　**イ**　サソリ　　**ウ**　アサリ　　**エ**　ミミズ

(6) ③は，からだが頭部，胸部，腹部に分かれていて，胸部に3対のあしがある動物のなかまである。このなかまを何類というか。（　　　　）

(7) ④のエビやカニなどのなかまを何類というか。（　　　　）

1-2 身のまわりの物質

第1章　物質の分類

①物体
使う目的に注目したときの「もの」。
②物質
原料に注目したときの「もの」。
③金属
電気を通しやすい，熱を伝えやすい，金属光沢，延性，展性という共通の性質をもつ物質。
④非金属
金属以外の物質。
⑤有機物
炭素をふくむ物質。燃えると二酸化炭素や水ができる。
⑥無機物
有機物以外の物質。
⑦ガス調節ねじ
ガスの量を調節するねじ。

テストに出る！ ココが要点 解答 p.4

① 物質の分類 教 p.69〜p.77

1 物質の分類

(1) 物体と物質　コップのように，使う目的の形や大きさに注目したときの「もの」のことを(①　　　　)，ガラスのように，物体をつくる原料に注目したときの「もの」のことを(②　　　　)という。

(2) 金属(きんぞく)と非金属(ひきんぞく)

- (③　　　　)…次のような性質がある。
  - ・電気を通しやすく，熱を伝えやすい。
  - ・特有なかがやき(金属光沢)がある。
  - ・力を加えると細くのびたり(延性(えんせい))，うすく広がったり(展性(てんせい))する。

  例鉄，アルミニウム，銅，金，銀，亜鉛(あえん)

  ※磁石に引きつけられるのは，金属に共通した性質ではない。
- (④　　　　)…金属以外の物質。

(3) 有機物(ゆうきぶつ)と無機物(むきぶつ)

- (⑤　　　　)…炭素をふくみ，燃えて二酸化炭素や水が発生する物質。

  例砂糖，ロウ，木，紙，プラスチック
- (⑥　　　　)…有機物以外の物質。加熱しても炭にはならず，燃えても二酸化炭素は発生しない。

  例食塩，鉄，水

2 ガスバーナーの使い方

(1) 火をつけるとき

❶空気調節ねじ，ガス調節ねじを一度ゆるめ，動くことを確かめてから，軽く閉める。

❷ガスの元せんを開けて，コックを開ける。

❸マッチに火をつけてから，(⑦　　　　)をゆるめて，ガスバーナーの口の下のほうから近づけて点火する。

図1
(㋐　　　　) 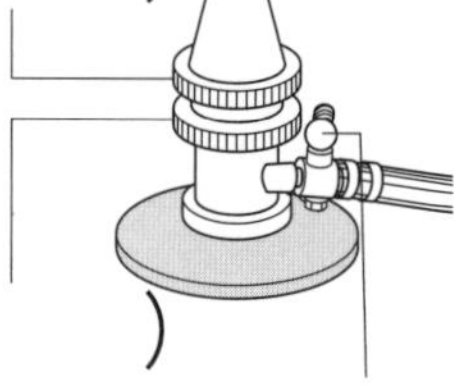
(㋑　　　　)
(㋒　　　　)

(2) 炎を調節するとき

・ガス調節ねじを押さえて，（⑧　　　　）をゆるめ，青い炎にする。

(3) 火を消すとき

・空気調節ねじを閉めてから，ガス調節ねじを閉める。

・コックを閉めて，ガスの元せんを閉める。

・空気調節ねじとガス調節ねじを少しゆるめておく。

2 物質の体積と質量～密度～

教 p.78～p.83

1 密度

(1) 密度　物質 $1\ cm^3$ 当たりの質量のことを（⑨　　　　）といい，単位は g/cm^3（グラム毎立方センチメートル）で表す。物質の密度は，物質の種類によって決まっている。

$$密度〔g/cm^3〕= \frac{物質の（⑩\quad）〔g〕}{物質の体積〔cm^3〕}$$

(2) 物質の浮き沈み　密度が水より小さい物質は水に浮き，密度が水より大きい物質は水に沈む。

固体	密度	液体	密度	気体	密度
鉄	7.87	水（4℃）	1.00	水素	0.00008
金	19.3	エタノール	0.789	酸素	0.00143
銀	10.5	水銀	13.5	二酸化炭素	0.00198
アルミニウム	2.70	菜種油	0.91 ～ 0.92	空気	0.00120

2 メスシリンダーの読み方

(1) メスシリンダーの読み方　目的に合った容量のものを選び，1目盛りの体積を確かめ，目盛りを読む。

(2) 液体のはかり方

・（⑪　　　　）を水平なところに置く。

・目の位置を液面と同じ高さにする。

・液面のへこんだ下の面を真横から見て，1目盛りの $\frac{1}{10}$ まで，目分量で読み取る。

・$1\ mL = 1\ cm^3$

図2

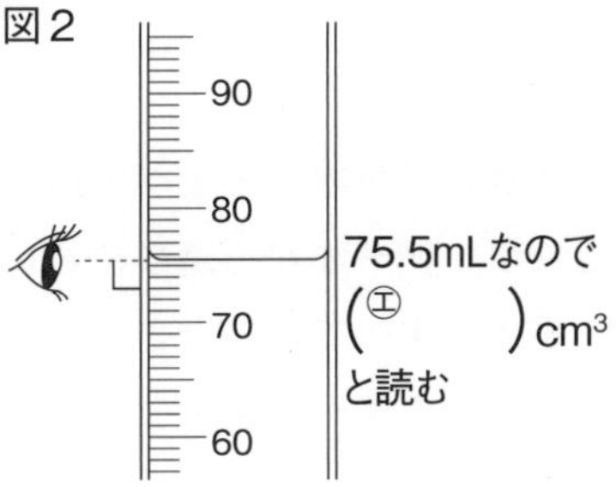

90
80
70
60
75.5mLなので（㊟　　）cm^3 と読む

満点ミッション

⑧空気調節ねじ
空気の量を調節するねじ。

ミス注意！
炎は空気の量が少ないと，赤色～オレンジ色になる。

⑨密度
物質の質量〔g〕÷物質の体積〔cm^3〕で求められる，物質 $1\ cm^3$ 当たりの質量。

⑩質量
gやkgの単位で表される量。

⑪メスシリンダー
液体の体積をはかる器具。

ポイント
はかることのできる最大量と最小目盛りを確かめ，実験の目的に合った容量のメスシリンダーを選ぶ。

テストに出る！

予想問題　第１章　物質の分類

30分　/100点

よく出る **1** 燃焼さじに砂糖を少量とって図１のガスバーナーで加熱し，火がついたら図２のように石灰水が入った集気びんに入れた。火が消えたら燃焼さじを取り出して集気びんをよくふると，石灰水が白くにごった。これについて，次の問いに答えなさい。　4点×9〔36点〕

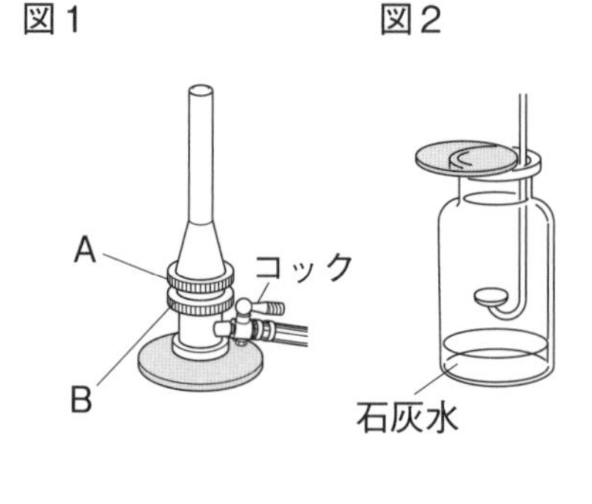

⑴　図１のA，Bのねじをそれぞれ何というか。

A（　　　　　　）
B（　　　　　　）

⑵　次の手順は，図１のガスバーナーの使い方を表したものである。①～③にあてはまる操作を，下のア～エからそれぞれ選びなさい。　①（　　）　②（　　）　③（　　）

（ ① ）→（ ② ）→マッチに火をつけ，ねじBをゆるめて点火する。→（ ③ ）

ア　ねじAを押(お)さえてねじBをゆるめ，青い炎(ほのお)にする。
イ　ねじBを押さえてねじAをゆるめ，青い炎にする。
ウ　ガスの元せんを開け，コックを開ける。
エ　２つのねじA，Bが軽く閉まっていることを確認する。

⑶　石灰水が白くにごったことから，砂糖が燃えたときに発生した気体は何だとわかるか。
（　　　　　　）

⑷　燃えたときに⑶の気体が発生する物質を何というか。（　　　　　　）

⑸　⑷の物質を，次のア～オからすべて選びなさい。（　　　　）

ア　ロウ　　イ　食塩　　ウ　アルミニウム
エ　木　　オ　鉄

⑹　⑷以外の物質をまとめて何というか。（　　　　　　）

2 次のア～オの物質について，あとの問いに答えなさい。　4点×6〔24点〕

ア　鉄　　イ　砂糖　　ウ　食塩　　エ　アルミニウム　　オ　プラスチック

⑴　電気を通す物質はどれか。ア～オからすべて選びなさい。（　　　　）
⑵　磁石につく物質はどれか。ア～オから選びなさい。（　　）
⑶　金属はどれか。ア～オからすべて選びなさい。（　　　　）
⑷　非金属はどれか。ア～オからすべて選びなさい。（　　　　）
⑸　有機物はどれか。ア～オからすべて選びなさい。（　　　　）
⑹　無機物はどれか。ア～オからすべて選びなさい。（　　　　）

3 メスシリンダーの使い方や目盛りの読み方について，次の問いに答えなさい。　4点×3〔12点〕

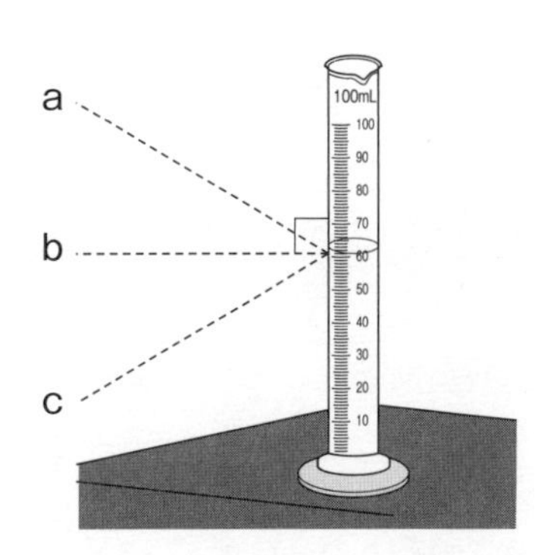

(1)　メスシリンダーは，どのようなところに置いて使うか。　(　　　　　　　　　)

(2)　メスシリンダーの目盛りは，どの位置から読むか。図の**a**〜**c**から選びなさい。　(　　　)

(3)　メスシリンダーの目盛りは，目分量でどこまでを読み取るか。次の**ア**〜**ウ**から選びなさい。　(　　　)

ア　1目盛りの$\frac{1}{10}$まで　　**イ**　1目盛りの$\frac{1}{5}$まで　　**ウ**　1目盛りの$\frac{1}{2}$まで

4 右の表は，いろいろな物質の密度を示したものである。これについて，次の問いに答えなさい。　3点×4〔12点〕

(1)　次の物質の密度は何g/cm^{3}か。

①　体積が10cm^{3}で質量が79gの物質　(　　　　　　)

②　体積が20cm^{3}で質量が54gの物質　(　　　　　　)

(2)　(1)で求めた物質は何だとわかるか。それぞれ右の表から選びなさい。

①(　　　　　　)

②(　　　　　　)

物質の密度

物質	密度〔g/cm^3〕
氷（0℃）	0.92
アルミニウム	2.70
鉄	7.87
銅	8.96

※温度について触れていない場合は，20℃の場合。

よく出る **5** ある金属の質量を電子てんびんではかったところ，118.1gであった。また，50.0cm^{3}の水を入れたメスシリンダーにこの金属を入れたところ，水面が右の図のようになった。これについて，次の問いに答えなさい。　4点×2〔8点〕

(1)　この金属の体積は何cm^{3}か。　(　　　　　　)

(2)　この金属の密度は何g/cm^{3}か。次の**ア**〜**エ**から最もよいものを選びなさい。　(　　　)

ア　6.9g/cm^3　　**イ**　7.4g/cm^3

ウ　7.9g/cm^3　　**エ**　12.7g/cm^3

6 右の表は，物質の密度を示したものである。これについて，次の問いに答えなさい。　4点×2〔8点〕

(1)　表の物質のうち，水（4℃，密度1.00g/cm^3）に浮くものはどれか。　(　　　　　　　　)

(2)　表の物質を10gずつ用意してその体積を比較したとき，体積が最も小さくなるのはどれか。

(　　　　　　　　)

物質	密度〔g/cm^3〕
銅	8.96
鉄	7.87
アルミニウム	2.70
氷（0℃）	0.92

第2章　粒子のモデルと物質の性質(1)

①純粋な物質
水，エタノールなど，1種類の物質からできているもの。

②混合物
いろいろな物質が混ざっているもの。

③透明
すきとおっていて，向こうの景色が見えること。

④溶解
液体に物質が溶けること。

⑤溶質
液体に溶けている物質のこと。

⑥溶媒
溶質を溶かしている液体のこと。

⑦溶液
物質が溶けた液体のこと。

⑧水溶液
物質が水に溶けた透明な液体のこと。

ポイント
デンプンを水に混ぜると，液体が白くにごり，デンプンは下に沈む。このような液体は水溶液とはいわない。

テストに出る！ ココが要点　解答 p.4

① 水溶液　教 p.85～p.88

1 水溶液

(1)　純粋な物質と混合物

- (① 　　　　)…1種類の物質からできている物質。
- (② 　　　　)…いろいろな物質が混ざり合った物質。

(2)　物質が水に溶けるときの粒子のモデル　物質を水に入れると，水の粒子が物質の粒子の間に入りこみ，物質は小さな粒子になる。やがて，物質の粒子が水の中に広がって，(③ 　　　　)な液になる。

図1

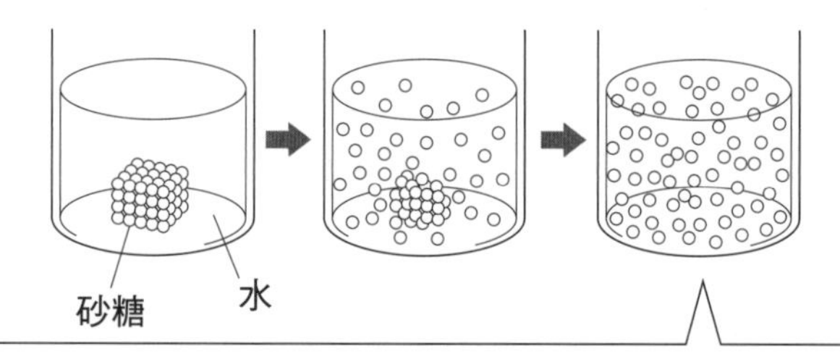

粒子が均一に散らばるため，どの部分も(㋐ 　　　　)は同じになる。物質が水に溶けると，時間がたっても液の下のほうが濃くなることはない。

(3)　水溶液　物質が液体に溶けることを(④ 　　　　)という。このとき，溶けている物質を(⑤ 　　　　)といい，溶質を溶かしている液体を(⑥ 　　　　)という。溶質が溶媒に溶けた液体を(⑦ 　　　　)といい，溶媒が水である溶液を(⑧ 　　　　)という。水溶液には，アンモニアのような気体やエタノールのような液体を溶質としたものもある。

図2

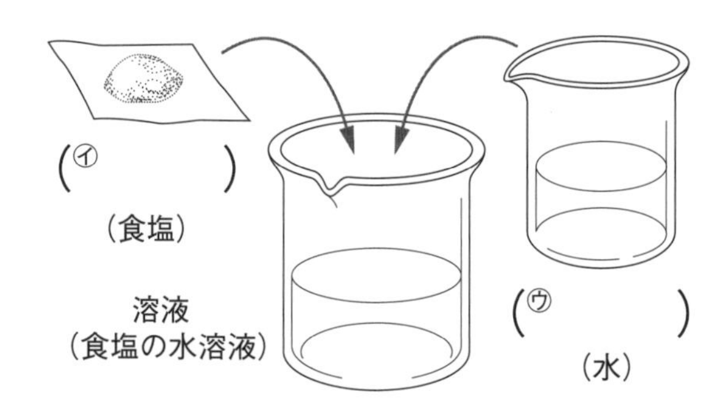

ココが要点の答えになります。

2 質量パーセント濃度

(1) 濃度　溶液の濃さを濃度といい，一定量の溶液に溶けている溶質の量で決まる。溶質の質量が溶液の質量の何パーセントになるかで表した濃度を（⑨　　　　　　　　）という。

$$\text{質量パーセント濃度}〔\%〕=\frac{\text{溶質の質量}〔g〕}{\text{溶液の質量}〔g〕}\times 100$$

$$=\frac{\text{溶質の質量}〔g〕}{\text{溶媒の質量}〔g〕+\text{溶質の質量}〔g〕}\times 100$$

2 溶解度と再結晶

教 p.89～p.95

1 溶解度

(1) 飽和　水に溶ける物質の量には限度があり，物質がそれ以上水に溶けきれなくなったとき，飽和したという。飽和した水溶液を（⑩　　　　　　）という。どのくらいの量の物質を溶かすと飽和するかは物質の種類によって異なり，水の量や温度によっても変わる。

(2) （⑪　　　　　　）水100gに物質を溶かして飽和水溶液にしたときの，溶けた物質の質量。一定の量の水に溶ける物質の質量は，物質によって決まっている。

図3 溶解度曲線

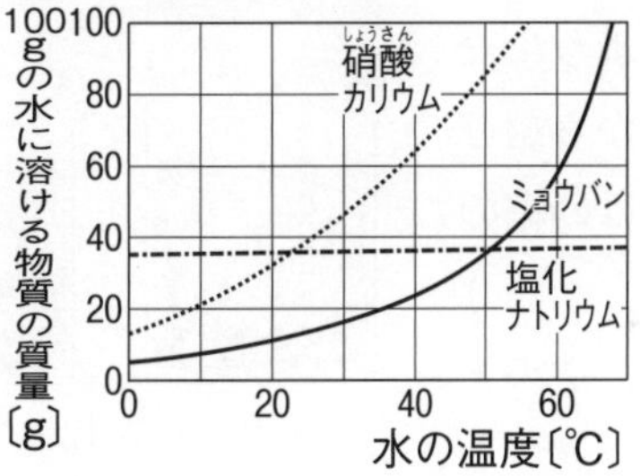

100gの水に溶ける物質の質量〔g〕／水の温度〔℃〕／硝酸カリウム／ミョウバン／塩化ナトリウム

2 再結晶

(1) （⑫　　　　　　）いくつかの平面で囲まれた規則正しい形をした固体。結晶は純粋な物質で，形や色は物質によって決まっている。

図4 結晶

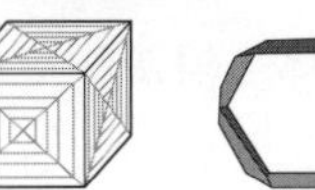

塩化ナトリウム　ミョウバン　硝酸カリウム

(2) （⑬　　　　　　）固体を溶媒に溶かし，溶液を冷やしたり，溶媒を蒸発させたりして，再び結晶として取り出すこと。再結晶を利用すると，混合物からより純粋な物質を得られる。

図5

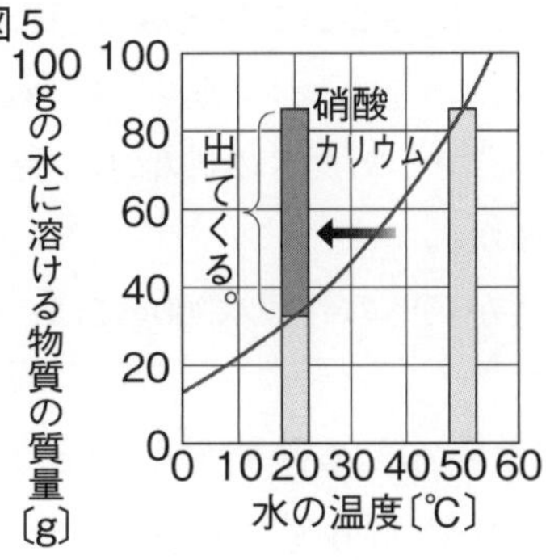

100gの水に溶ける物質の質量〔g〕／水の温度〔℃〕／硝酸カリウム／出てくる。

⑨質量パーセント濃度
溶質の質量が溶液の質量の何％になるかで表した濃度。

⑩飽和水溶液
物質がそれ以上水に溶けきれなくなった水溶液。

⑪溶解度
100gの水に物質を溶かして飽和水溶液をつくったとき，溶けている物質の質量。

⑫結晶
規則正しい形をした，純粋な物質の固体。

⑬再結晶
固体を水などに溶かし，再び固体として取り出すこと。

ポイント

硝酸カリウムのように温度によって溶解度に差がある物質は，水溶液を冷やすと結晶が出てくる。塩化ナトリウムのように温度による溶解度の差があまりない物質は，水を蒸発させないと結晶が出てこない。

テストに出る！
予想問題　第２章　粒子のモデルと物質の性質(1)

30分　/100点

1 図１は，砂糖(コーヒーシュガー)が水に溶けるようすを表したものである。これについて，次の問いに答えなさい。

4点×6〔24点〕

図１

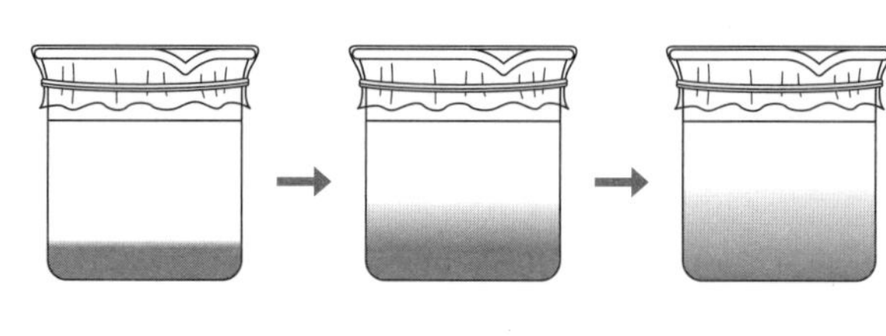

(1) 砂糖のように，液体に溶けている物質のことを何というか。　(　　　　)

(2) 水のように，物質を溶かしている液体のことを何というか。　(　　　　)

(3) 図１の溶液をそのままさらに置いておくと，どのようになるか。次のア〜エからすべて選びなさい。　(　　　　)

ア　茶色でにごった液になる。　　イ　茶色で透明な液になる。

ウ　下のほうが濃い茶色になる。　エ　どこも同じ濃さの茶色になる。

(4) (3)の液のように，水に物質が溶けた液体のことを何というか。　(　　　　)

(5) (3)の液のようすを粒子のモデルで表すと，どのようになるか。図２の㋐〜㋓から選びなさい。ただし，●は砂糖の粒子を表している。(　　)

図２

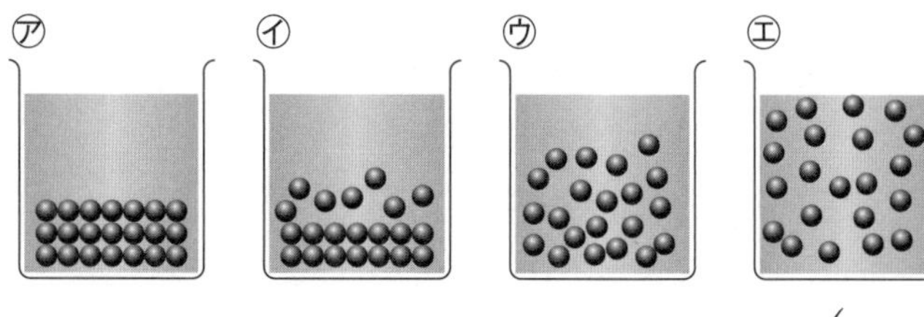

(6) (4)の液体について，次のア〜ウから正しいものを選びなさい。　(　　)

ア　液体を溶かしたものはあるが，気体を溶かしたものはない。

イ　液体を溶かしたものはないが，気体を溶かしたものはある。

ウ　液体を溶かしたものも気体を溶かしたものもある。

よく出る **2** 水溶液の濃度について，次の問いに答えなさい。

6点×4〔24点〕

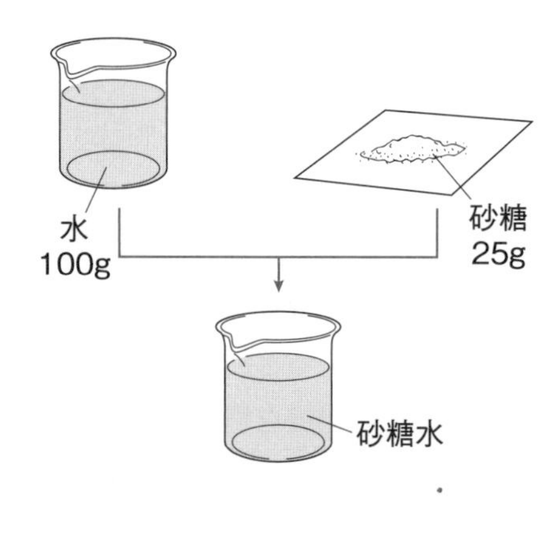

(1) 水100gに砂糖25gを溶かしたときの砂糖水の質量パーセント濃度は何％か。　(　　　　)

(2) 質量パーセント濃度が15％の砂糖水200gには，砂糖が何g溶けているか。　(　　　　)

(3) 質量パーセント濃度が20％の砂糖水を150gつくるには，水と砂糖がそれぞれ何gずつ必要か。

水(　　　　)

砂糖(　　　　)

3 水50gに塩化ナトリウム25gを溶かしたところ，塩化ナトリウムの一部が溶け残ったのでろ過した。これについて，次の問いに答えなさい。 6点×4〔24点〕

(1) ろ紙に残った物質は何か。 (　　　)

(2) ろ過で得られたろ液のように，物質がそれ以上溶けきれなくなっている水溶液のことを何というか。 (　　　)

(3) ろ液から溶けている塩化ナトリウムを取り出すには，どのような操作をすればよいか。
(　　　)

(4) ろ過の操作を正しく表しているものを，図の㋐～㋓から選びなさい。 (　　)

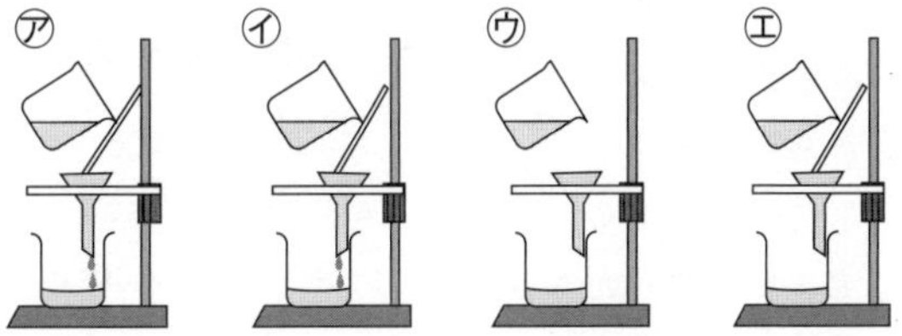

よく出る **4** 右のグラフは，水の温度と100gの水に溶ける物質の質量との関係を表したものである。これについて，次の問いに答えなさい。 4点×7〔28点〕

(1) 100gの水に物質を溶かして飽和させたときの，溶けた物質の質量を何というか。
(　　　)

(2) 2つのビーカーに40℃の水100gを入れ，それぞれに硝酸カリウム30gと塩化ナトリウム30gを入れてよくかき混ぜた。このとき，それぞれの物質はどのようになるか。次のア～エから選びなさい。 (　　)

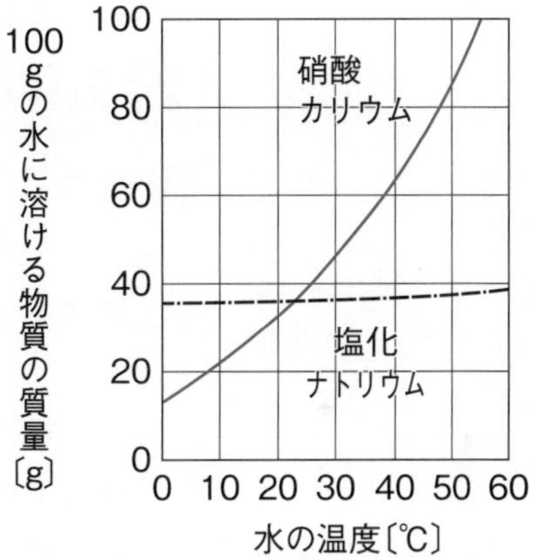

ア どちらの物質もすべて溶ける。
イ どちらの物質も溶け残りが出る。
ウ 硝酸カリウムはすべて溶けるが，塩化ナトリウムは溶け残りが出る。
エ 硝酸カリウムは溶け残りが出るが，塩化ナトリウムはすべて溶ける。

(3) (2)でつくった水溶液を10℃まで冷やしたときに固体が多く現れるのは，硝酸カリウム，塩化ナトリウムのどちらの水溶液か。 (　　　)

(4) (3)で現れた固体は，規則正しい形をしていた。このような固体のことを何というか。
(　　　)

(5) (3)の水溶液で現れた固体の質量は約何gか。次のア～エから選びなさい。 (　　)

ア 8g　**イ** 18g　**ウ** 28g　**エ** 38g

(6) 固体の物質を水に溶かし，水溶液を冷やすなどして再び固体を取り出すことを何というか。 (　　　)

(7) 2つのビーカーに40℃の水50gを入れ，それぞれに硝酸カリウム20gと塩化ナトリウム20gを入れてよくかき混ぜた。このとき，それぞれの物質はどのようになるか。(2)のア～エから選びなさい。 (　　)

1-2 身のまわりの物質

第2章　粒子のモデルと物質の性質(2)

①水上置換法
水に溶けにくい気体を集める方法。
②下方置換法
水に溶けやすく，空気より密度の大きい気体を集める方法。
③上方置換法
水に溶けやすく，空気より密度の小さい気体を集める方法。

④酸素
空気中の約21％(体積の割合)をしめる気体。
⑤物質を燃やすはたらき
酸素のもつはたらき。助燃性ともいう。
⑥二酸化炭素
石灰水を白くにごらせる性質のある気体。
⑦酸性
二酸化炭素の水溶液が示す性質。

ポイント
二酸化炭素のように，2種類の方法で集められる気体もある。

テストに出る！ ココが要点　解答 p.6

① 気体の集め方

教 p.96

1 気体の集め方

(1) (①　　　　) 水に溶けにくい気体を集める方法。

(2) (②　　　　)
水に溶けやすく，空気より密度の大きい気体を集める方法。

(3) (③　　　　)
水に溶けやすく，空気より密度の小さい気体を集める方法。

図1

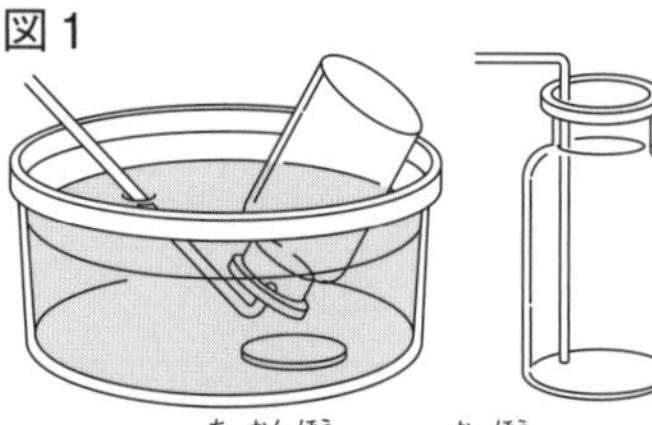

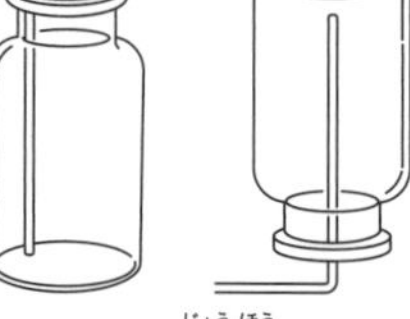

② 気体の性質

教 p.97～p.105

1 酸素

(1) 発生方法　二酸化マンガンにオキシドールを加えると，(④　　　　)が発生する。

(2) 性質　色やにおいがない。空気よりわずかに密度が大きい。水に溶けにくいので，水上置換法で集める。
(⑤　　　　　　　　)(助燃性)があるが，酸素そのものは燃えない。

図2

2 二酸化炭素

(1) 発生方法　石灰石にうすい塩酸を加えると，(⑥　　　　　)が発生する。

(2) 性質　色やにおいがない。空気より密度が大きい。水に少し溶け，下方置換法や水上置換法で集めることができる。二酸化炭素が溶けた水溶液は(⑦　　　　)を示す。
二酸化炭素には，石灰水を白くにごらせる性質がある。

図3

ココが要点の答えになります。

3 窒素

(1) 性質　空気の約78%をしめる気体が(⑧　　　　)である。色やにおいがない。空気よりわずかに密度が小さい。水に溶けにくく，物質を燃やすはたらきはない。

4 水素

(1) 発生方法　亜鉛や鉄，マグネシムなどの金属にうすい塩酸を加えると，(⑨　　　　)が発生する。

(2) 性質　色やにおいがない。空気よりも密度が小さく，気体の中で最も軽い。水に溶けにくいので，水上置換法で集める。水素を集めた試験管の口に火を近づけると，ポンという音がして燃えて，水滴ができる。物質を燃やすはたらきはない。

図4

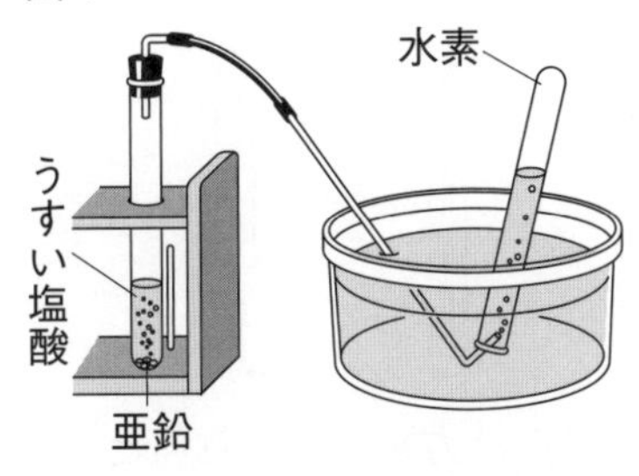

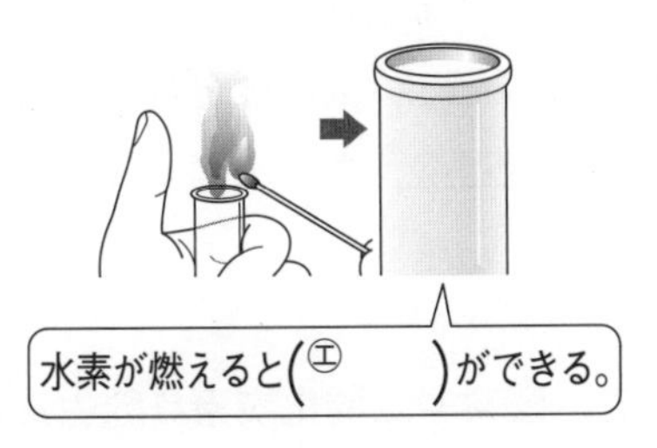

5 アンモニア

(1) 発生方法　塩化アンモニウムに水酸化ナトリウムを加えて水を注ぐと，(⑩　　　　)が発生する。また，塩化アンモニウムと水酸化カルシウムの混合物を加熱してもアンモニアが発生する。

図5

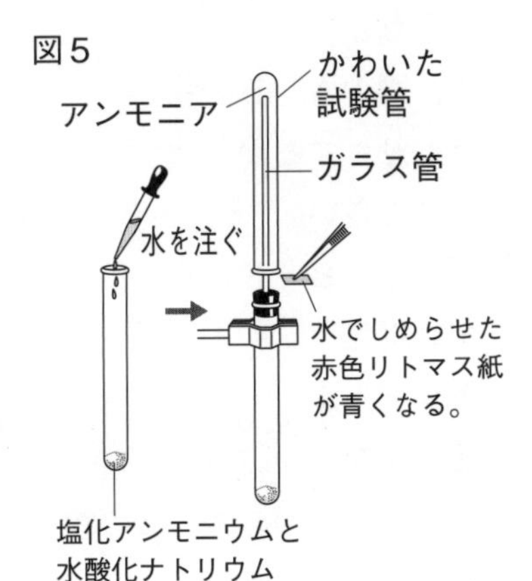

(2) 性質　色はないが，刺激臭があり，有毒である。水に非常に溶けやすく，空気より密度が小さいので上方置換法で集める。水溶液は(⑪　　　　)を示す。

(3) アンモニアの性質を利用した噴水　図6のように，気体のアンモニアの入ったフラスコにスポイトで水を入れると，アンモニアが水に溶けて，水が噴き上がる。アンモニアの水溶液はアルカリ性なので(⑫　　　　)を加えた水は，フラスコ内で赤色に変化する。

図6

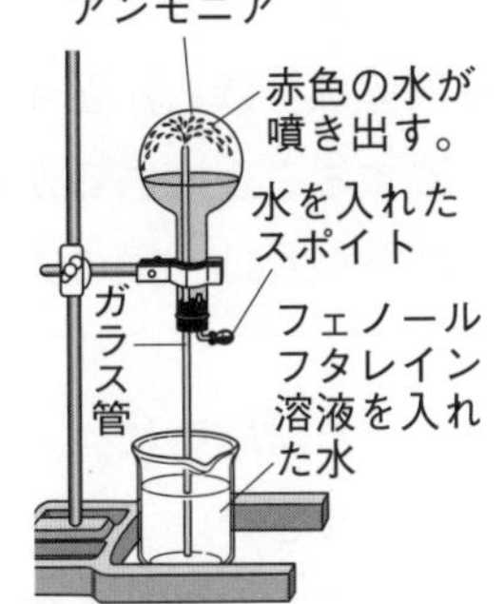

満点ミッション

⑧窒素
空気中の約78%(体積の割合)をしめる気体。

⑨水素
最も軽い気体。

⑩アンモニア
刺激臭があり，水に非常に溶けやすい気体。水溶液はアルカリ性を示す。

⑪アルカリ性
アンモニア水溶液が示す性質。赤色リトマス紙を青色に変える。

⑫フェノールフタレイン溶液
アルカリ性の水溶液中で赤色を示す溶液。酸性や中性の水溶液中では無色を示す。

ポイント
塩素は黄緑色をした刺激臭のある有毒な気体である。二酸化硫黄も刺激臭のある有毒な気体である。

テストに出る！
予想問題　第２章　粒子のモデルと物質の性質(2)

🕒30分　/100点

1 下の図１は，気体の集め方を表したものである。また，図２は，空気にふくまれる気体の体積の割合を表したグラフである。これについて，あとの問いに答えなさい。　4点×5〔20点〕

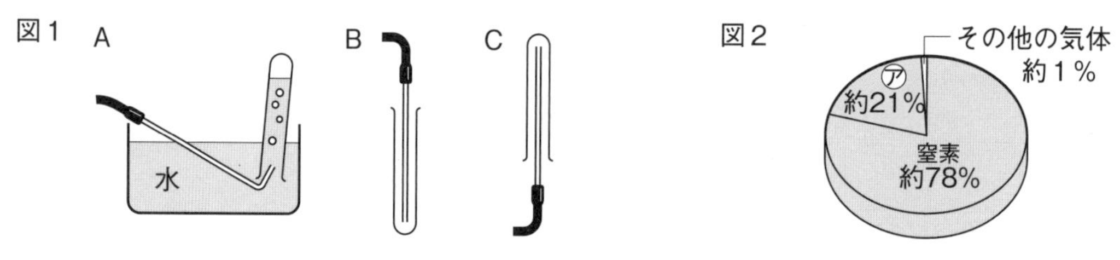

(1) 図１のA～Cの気体の集め方をそれぞれ何というか。
A（　　　　）　B（　　　　）　C（　　　　）

(2) 図１のAの方法で集められない気体はどれか。次のア～エから選びなさい。（　　）
ア　酸素　　イ　二酸化炭素　　ウ　水素　　エ　アンモニア

(3) 図２の㋐の気体は何か。（　　　　）

よく出る
2 右の図のような装置で，酸素や二酸化炭素を発生させ，その性質を調べる実験をした。これについて，次の問いに答えなさい。　5点×8〔40点〕

(1) 酸素を発生させるとき，図のA，Bの物質は，どのような組み合わせにするか。次のア～カからそれぞれ選びなさい。
A（　　）　B（　　）
ア　石灰水　　イ　うすい塩酸
ウ　亜鉛　　エ　オキシドール
オ　石灰石　　カ　二酸化マンガン

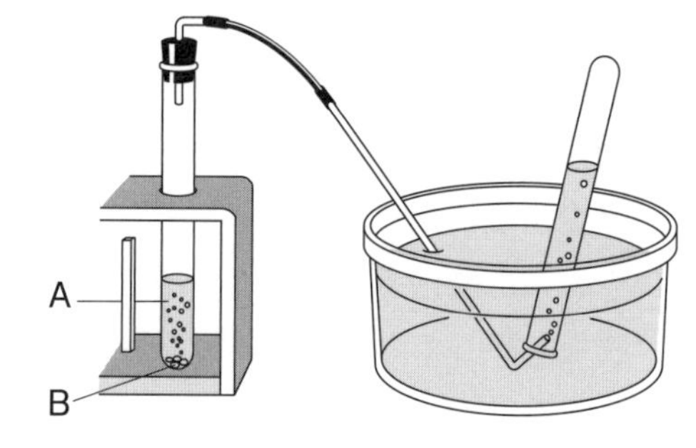

(2) 二酸化炭素を発生させるとき，図のA，Bの物質は，どのような組み合わせにするか。(1)のア～カからそれぞれ選びなさい。　A（　　）　B（　　）

(3) 図の方法で気体を集めるとき，はじめに出てくる気体は集めない。この理由を，次のア～ウから選びなさい。（　　）
ア　はじめに出てくる気体は，ほとんどが水蒸気だから。
イ　はじめに出てくる気体は，ほとんどがA，Bを入れた試験管の中の空気だから。
ウ　水そう内の水が逆流することがあるから。

記述 (4) どのような性質の気体であれば，図の方法で集めることができるか。
（　　　　　　　　　　）

(5) 酸素と二酸化炭素を集めた試験管に，火のついた線香（せんこう）を入れるとどのようになるか。次のア～ウからそれぞれ選びなさい。　酸素（　　）　二酸化炭素（　　）
ア　火が消える。　　イ　線香が激しく燃える。　　ウ　気体が音をたてて燃える。

3 右の図のように，うすい塩酸を入れた試験管Aに亜鉛を少量入れ，発生した気体を試験管Bに集めた。これについて，次の問いに答えなさい。 5点×3〔15点〕

(1) 発生した気体の性質を，次のア〜エから選びなさい。 (　　)

ア 刺激の強い，特有のにおいがする。

イ 物質を燃やすはたらきがある。

ウ 水でしめらせた赤色リトマス紙を，青色に変化させる。

エ 水に溶けにくい。

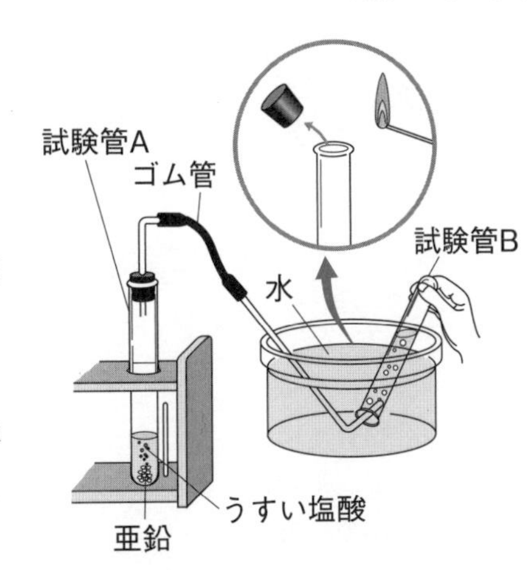

(2) うすい塩酸を加えたときに，この実験と同じ気体が発生する物質を，次のア〜エから選びなさい。 (　　)

ア 貝殻(かいがら)　イ スチールウール(鉄)　ウ プラスチック　エ 二酸化マンガン

記述 (3) 試験管Bに集まった気体に火を近づけると，気体はどのようになるか。

(　　　　　　　　　　)

4 下の図1のような装置でアンモニアを発生させた。また，図2のような装置を組み立て，スポイトの水をフラスコ内に少し入れると，ビーカーの水がガラス管を通り，フラスコ内に噴き出した。これについて，あとの問いに答えなさい。 5点×5〔25点〕

図1

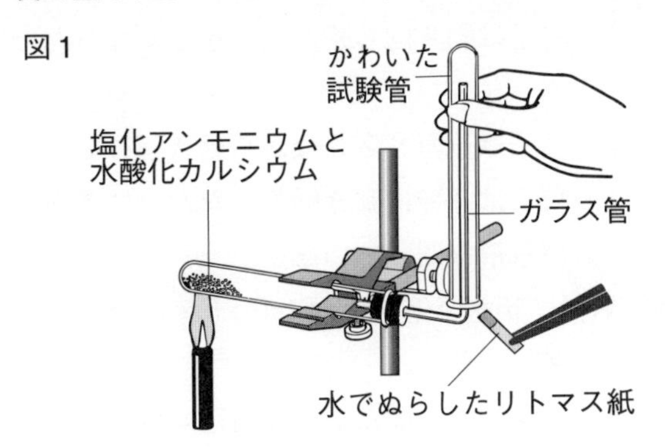

図2

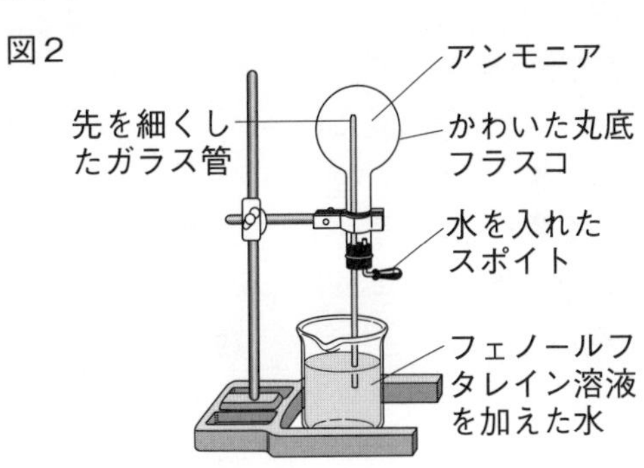

記述 (1) 図1のように，試験管の口に水でぬらしたリトマス紙を近づけた。何色のリトマス紙が何色に変化したか。 (　　　　　　　　　　)

(2) 図2で，フェノールフタレイン溶液を加えたビーカーの水は無色であったが，フラスコ内に噴き出すと色が変化した。何色に変化したか。 (　　　　)

(3) (1)，(2)から，アンモニアの水溶液はどのような性質を示すことがわかるか。 (　　　　)

(4) 図2で，ビーカーの水がフラスコ内に噴き出したのは，アンモニアのどのような性質によるものか。 (　　　　　　)

(5) アンモニアの性質を，次のア〜エから選びなさい。 (　　)

ア 物質を燃やす。　イ 水に溶けにくい。　ウ 有毒である。　エ 色がある。

第3章　粒子のモデルと状態変化

テストに出る! ココが要点　解答 p.7

① 物質の状態変化

教 p.107〜p.116

1 状態変化とは

(1) 状態変化　温度によって，物質の状態が固体↔液体↔気体と変化すること。

(2) 水の状態変化　氷(固体)，水(液体)，水蒸気(気体)

図1 ● 物質の状態変化 ●

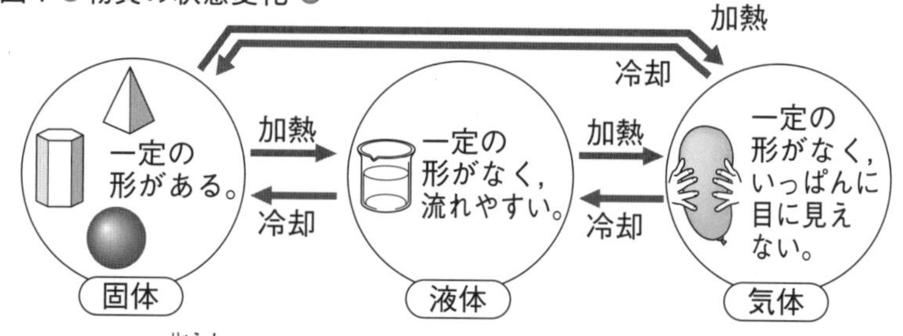

2 状態変化と粒子のモデル

(1) 物質を構成している粒子

● (①　　　　)…粒子は動き回らず，規則正しくならんでいる。
● (②　　　　)…粒子は位置を変えながら動き回っている。
● (③　　　　)…粒子は活発に動き回り，たがいに衝突しながら飛び回っている。

(2) 状態変化と体積・質量　状態変化では，物質の(④　　　　)は変化するが，質量は変化しない。

(3) 液体から固体になるとき　いっぱんに，体積は減少するが，質量は変化しない。

例外 水の場合，体積は増加し，質量は変化しない。

図2 ● 粒子のモデル ●

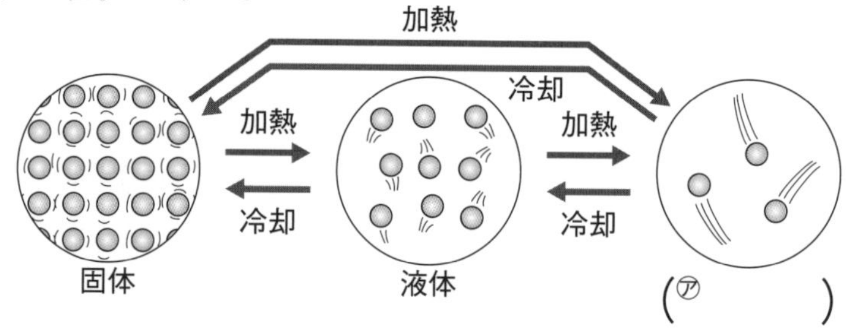

満点★ミッション

①固体
一定の形がある状態のもの。物質を構成する粒子は，規則正しくならんでいる。

②液体
一定の形がなく，流れやすい状態のもの。物質を構成する粒子は位置を変えながら動き回る。

③気体
一定の形がなく，いっぱんに目に見えない状態のもの。物質を構成する粒子は，自由に飛び回っている。

④体積
物質の状態が変わるときに変化するもの。いっぱんに，物質が液体から固体になるときには減少し(水は例外)，液体から気体になるときには増加する。

ココが要点の答えになります。

3 状態変化と温度

(1) 融点・沸点

● (⑤　　　　)
…固体が液体になるときの温度。

● (⑥　　　　)
…液体が沸とうして気体になるときの温度。液面だけでなく，液体の中でも気体に変わることを沸とうという。また，液体を加熱する前(沸点になる前)でも液面から気体に変わることは蒸発という。

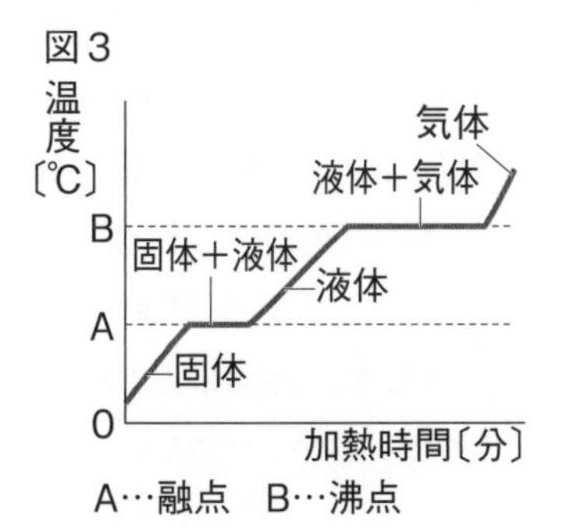

(2) 物質の融点・沸点　融点・沸点は，物質の量には関係なく，物質の種類によって決まっている。

物質	酸素	窒素	エタノール	水
沸点〔℃〕	－183	－196	78	100
融点〔℃〕	－219	－210	－115	0
物質	水銀	メタン	アルミニウム	鉄
沸点〔℃〕	357	－162	2519	2862
融点〔℃〕	－39	－183	660	1538

満点ミッション

⑤融点
物質が固体から液体に状態変化するときの温度。

⑥沸点
物質が沸とうして，液体から気体に状態変化するときの温度。

2 蒸留

教 p.117～p.121

1 蒸留

(1) 蒸留　液体を沸とうさせて得られた気体を集めて冷やし，再び液体を得る操作を(⑦　　　　)という。

例 水とエタノールの混合物の加熱　混合物の沸点は，決まった温度にならない。

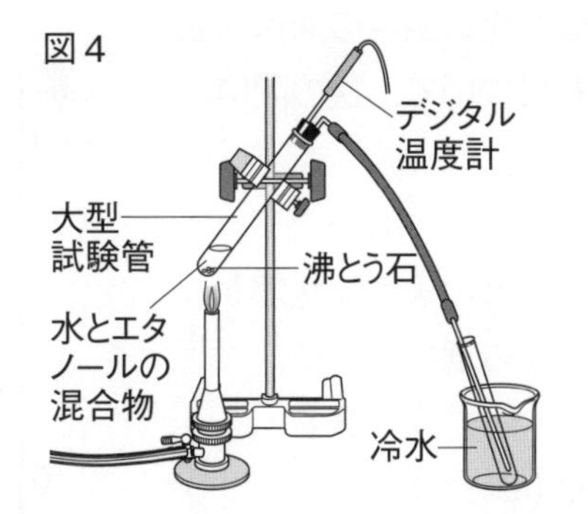

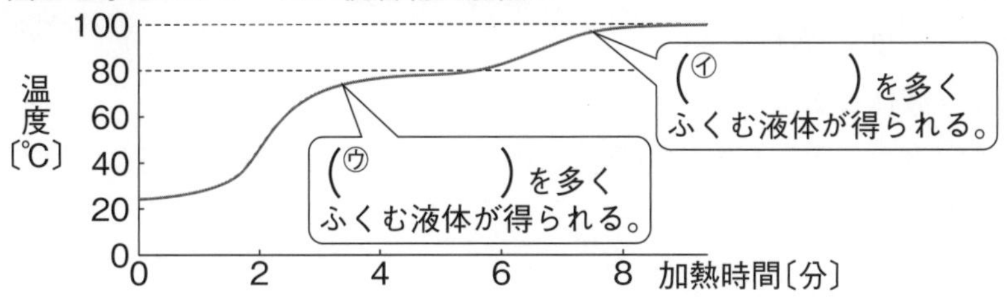

⑦蒸留
液体を沸とうさせて集めた気体を冷やし，再び液体を得る操作。これを利用することで，液体の混合物から，沸点のちがいによって，それぞれの液体を分けて取り出せる。

ポイント
液体を加熱するときは，突沸(急に沸とうすること)を防ぐために，沸とう石を入れる。

テストに出る！

予想問題　第３章　粒子のモデルと状態変化

30分　/100点

1 右の図１のように，液体のロウを冷やして固体のロウにした。これについて，次の問いに答えなさい。　4点×5〔20点〕

図１

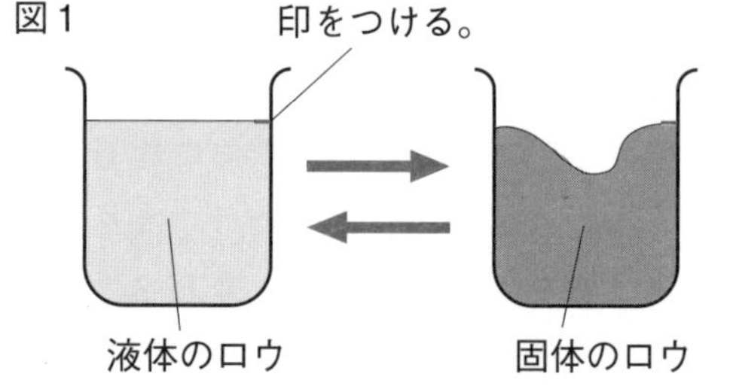

(1) 液体のロウが固体になるとき，体積はどのようになるか。次の**ア**〜**ウ**から選びなさい。　(　　)

ア　増加する。　**イ**　減少する。
ウ　変化しない。

(2) 液体のロウが固体になるとき，質量はどのようになるか。(1)の**ア**〜**ウ**から選びなさい。　(　　)

記述 (3) (1)や(2)のようになるのは，液体のロウが固体になるときに，粒子の間隔(かんかく)や数がどのようになるからか。簡単に答えなさい。
(　　　　　　　　　　　　　　　　)

(4) 図２の㋐〜㋒は，固体，液体，気体の粒子の動きをモデルで表したもので，◯は粒子を表している。液体，固体のときの粒子のようすとして最も適当なものを，それぞれ㋐〜㋒から選びなさい。
液体(　　)　固体(　　)

図２

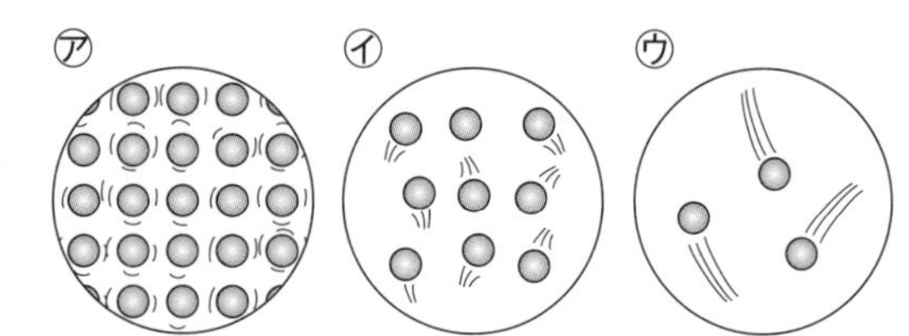

よく出る **2** 右の図は，水の状態変化と温度の関係を表したものである。これについて，次の問いに答えなさい。　4点×7〔28点〕

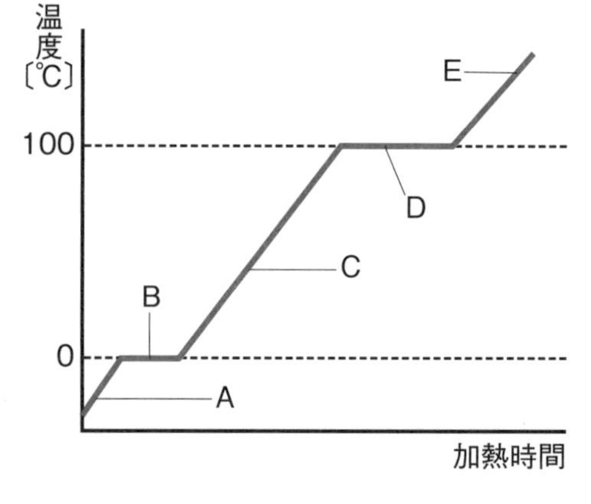

(1) A〜Eのとき，水はどのような状態か。それぞれ次の**ア**〜**オ**から選びなさい。

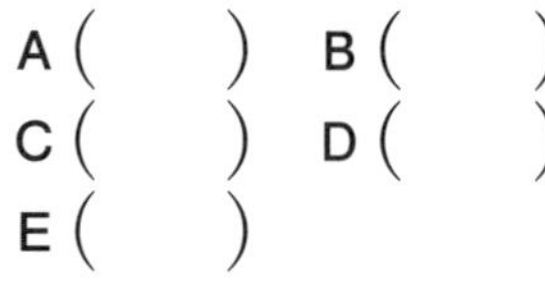

A(　　)　B(　　)
C(　　)　D(　　)
E(　　)

ア　固体　**イ**　液体　**ウ**　気体
エ　固体と液体　**オ**　液体と気体

(2) BやDのとき，水の温度が一定になっている。このときの温度をそれぞれ何というか。
B(　　　　)
D(　　　　)

3 右のグラフは，エタノールを温めたときの温度変化を表したものである。これについて，次の問いに答えなさい。

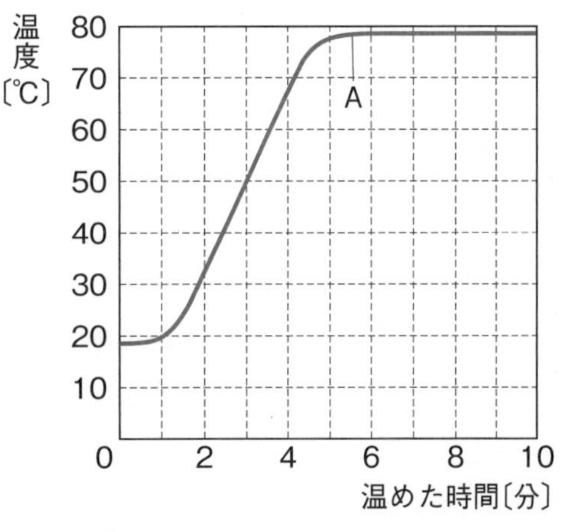

4点×3〔12点〕

(1) グラフのAのときの温度を何というか。
(　　　　)

(2) エタノールの質量を2倍にして同じ実験を行った。このとき，(1)の温度は図のときと比べてどのようになるか。
(　　　　)

(3) エタノールのかわりに，同じ質量の水を使って実験を行った。このとき，水の(1)の温度は，エタノールの(1)の温度と同じか，異なるか。
(　　　　)

よく出る **4** 水9 cm^3とエタノール3 cm^3の混合物を図1のような装置で加熱し，出てきた液体を約2 cm^3ずつ試験管A，B，Cの順に集め，それぞれの液体の性質を調べた。これについて，次の問いに答えなさい。

5点×8〔40点〕

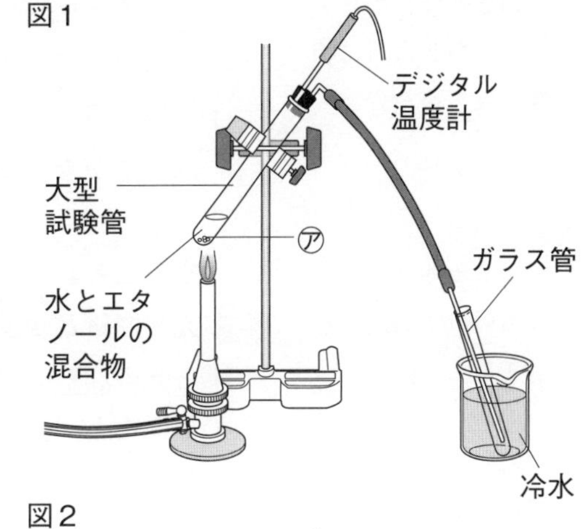

(1) 図1で，大型試験管に入れた固体㋐を何というか。(　　　　)

(2) 図1で，ガラス管の先は，たまった液体に入るようにするか，入らないようにするか。
(　　　　)

(3) この実験で，混合物の沸点は決まった温度になるか。(　　　　)

(4) エタノールのにおいがしたのは，A，Cのどちらの試験管の液体か。(　　)

(5) 図2のように，A，Cの試験管の液体にひたしたろ紙を火に近づけた。ろ紙がよく燃えたのは，A，Cのどちらの試験管の液体か。
(　　)

(6) 試験管Aの液体に多くふくまれている物質は，水とエタノールのどちらか。
(　　　　)

記述 (7) はじめに(6)が多くふくまれる液体が得られるのはなぜか。簡単に答えなさい。
(　　　　)

(8) 図1のように，液体を沸とうさせて得られる気体を集めて冷やし，再び液体を得る操作を何というか。(　　　　)

第1章　光の性質

テストに出る！ ココが要点　解答 p.8

① 光の進み方

教 p.133～p.146

1 光の進み方

(1) **光源**　太陽や電灯のように，自分で光を出す物体。光源から出た光がまっすぐ進むことを（①　　　　）という。

(2) （②　　　　）　光がはね返る現象。反射する前の光を（③　　　　），反射したあとの光を**反射光**という。光が反射するとき，入射角と反射角の大きさは等しい。これを**反射の法則**という。

図1 ●反射の法則●

鏡の面に垂直な直線
等しい
（㋐　　　　）光　（㋑　　　　）光
入射角　反射角
鏡

(3) 物体が見えるしくみ　物体は，物体に当たった光が表面で反射して目にとどいているため見える。

(4) 鏡にうつる物体の見え方　鏡にうつった物体のように，実際には物体がないのに見えるものを，物体の（④　　　　）という。

(5) （⑤　　　　）　物体の表面で，光が**いろいろな方向**に反射すること。

2 光の屈折と全反射，白色光

(1) 光の**屈折**　空気とガラスの境界面など，光が物質の境界面で折れ曲がって進むこと。屈折した光を（⑥　　　　）という。

図2

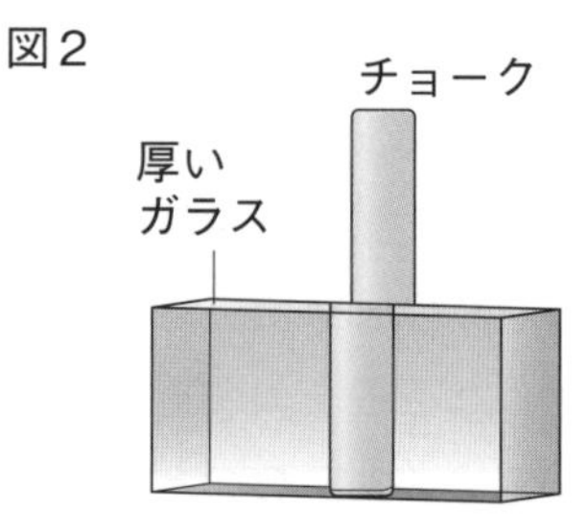

図3 ●光の屈折のしかた●

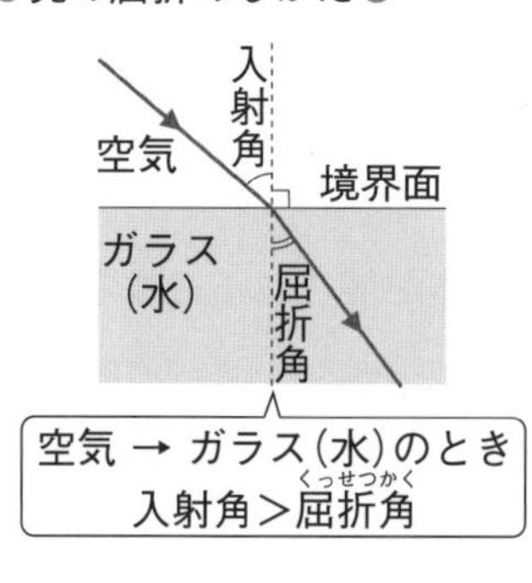

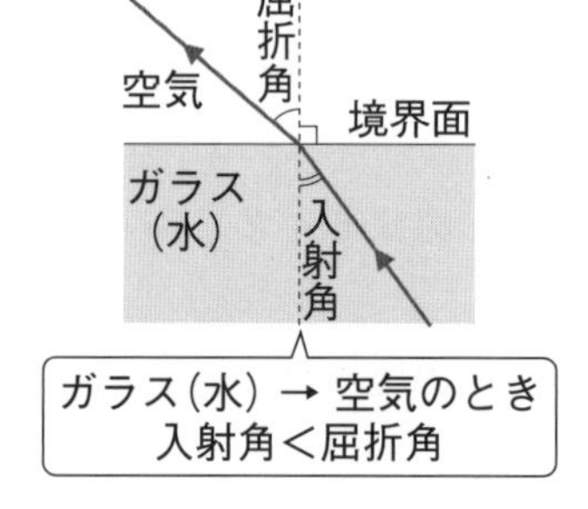

満点ミッション

①**光の直進**
光がまっすぐ進むこと。

②**光の反射**
光がはね返る現象。

③**入射光**
鏡に入っていく光のこと。反射する前の光。

④**像**
鏡の奥など，実際には物体がないのに，そこにあるように物体が見えるもの。

⑤**乱反射**
物体の表面で，光がいろいろな方向に反射すること。

⑥**屈折光**
屈折した光。

ポイント
光源が見えるのは，光源から出た光が直接目に入るからである。

ココが要点の答えになります。

(2) 全反射　光が水中から空気中に進むとき，入射角を大きくしていくと屈折角も大きくなる。そして，入射角がある角度を超える(こ)と光は境界面で全部反射する。この現象を（⑦　　　　　）という。

図4 ● 水中の物体の見え方 ●

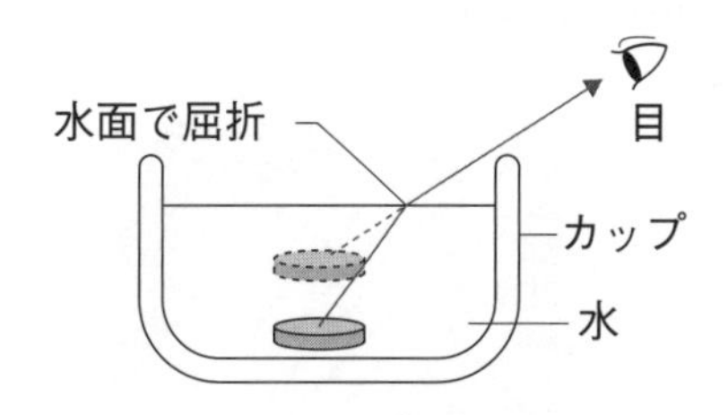

図5 ● 全反射 ●

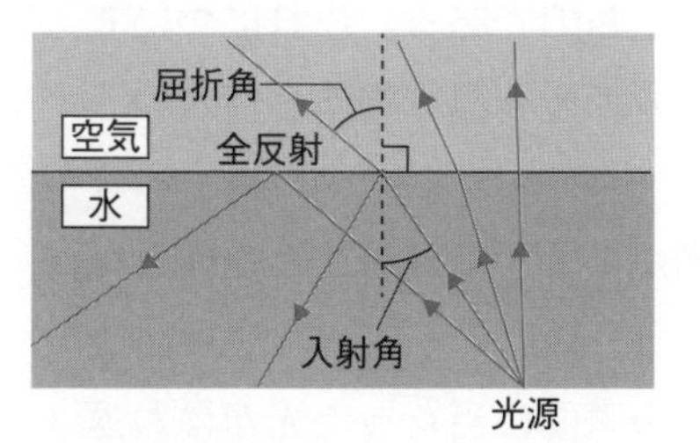

(3) 白色光　太陽や電灯の光。いろいろな色の光が混ざっているが，プリズムに通すと，色を分けることができる。

② 屈折の利用

教 p.147〜p.155

1 凸レンズのはたらき

(1) 凸レンズ　凸レンズの軸(じく)に平行な光を凸レンズに当てると，光は屈折して凸レンズの（⑧　　　　　）に集まる。凸レンズの中心から焦点(しょうてん)までの距離(きょり)を（⑨　　　　　）という。焦点は凸レンズの両側にある。

図6 ● 焦点と焦点距離 ●

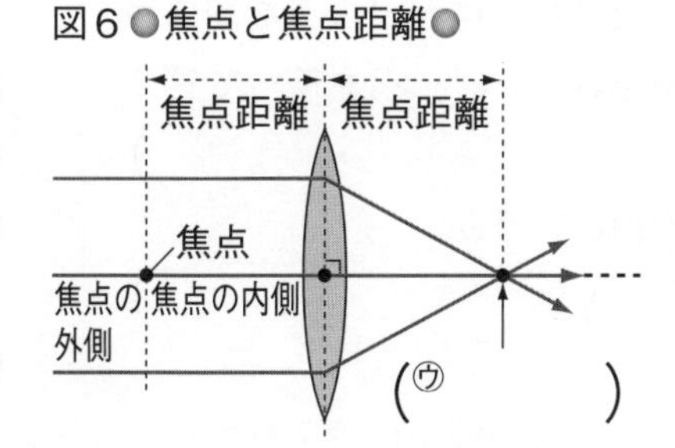

(2) 凸レンズによってできる像

- 光源が焦点の外側にあるとき，光源より小さな上下左右が逆の像ができる。この像を（⑩　　　　　）という。
- 光源が焦点距離の2倍の位置(しょうてんきょり)にあるとき，光源と同じ大きさの上下左右が逆の実像(じつぞう)が焦点距離の2倍の位置にできる。
- 光源が焦点の位置にあるとき，凸レンズを通った光は平行な光になり，像はできない。
- 光源が焦点の内側にあるとき，凸レンズを通して同じ向きに拡大された像が見える。この像を（⑪　　　　　）という。

図7 ● 凸レンズによる像 ●

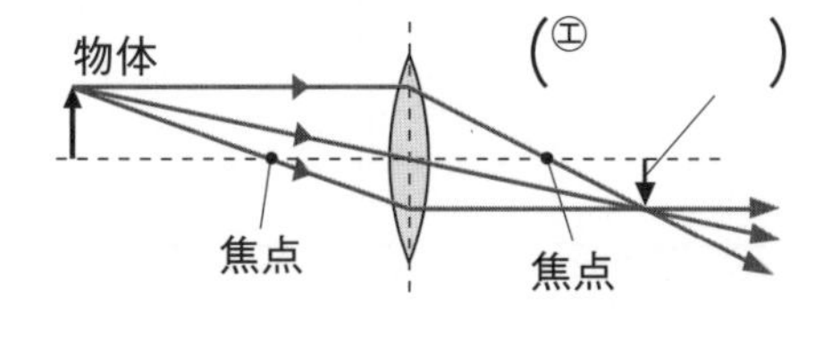

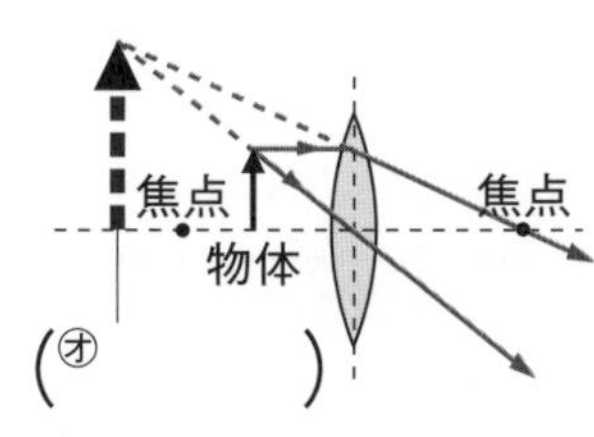

満点★ミッション

⑦全反射
光が水中から空気中に進むときに，光が境界面で全部反射される現象。入射角がある角度を超えると起こる。

⑧焦点
凸レンズの軸に平行な光が凸レンズを通ったときに屈折して集まる1点。

⑨焦点距離
凸レンズの中心から焦点までの距離。

⑩実像
凸レンズを通った光が集まってできる，光源とは上下左右が逆の像。スクリーンにうつる。

⑪虚像(きょぞう)
凸レンズを通して見える，光源と同じ向きの大きな像。

ポイント
物体が焦点に近づくほど像は大きくなる。

テストに出る！

予想問題　第１章　光の性質－①

🕒30分　/100点

1 図１は，ブラインドのすき間からさしこむ日光のようすを，図2は，光が鏡に当たったときの光の道すじを表したものである。これについて，次の問いに答えなさい。5点×7〔35点〕

(1) 太陽のように，自分で光を出す物体を何というか。（　　　　）

(2) 図１のように，光がまっすぐ進むことを何というか。（　　　　）

(3) 図２のように，鏡の表面に当たった光がはね返ることを何というか。（　　　　）

(4) 図２で，光の入射角と反射角はそれぞれ㋐～㋓のどれか。
入射角（　　）
反射角（　　）

(5) 図２で，入射角と反射角にはどのような関係があるか。等号(＝)や不等号(<，>)を使って答えなさい。（　　　　　　　）

(6) (5)のような関係を何というか。
（　　　　　　）

図１

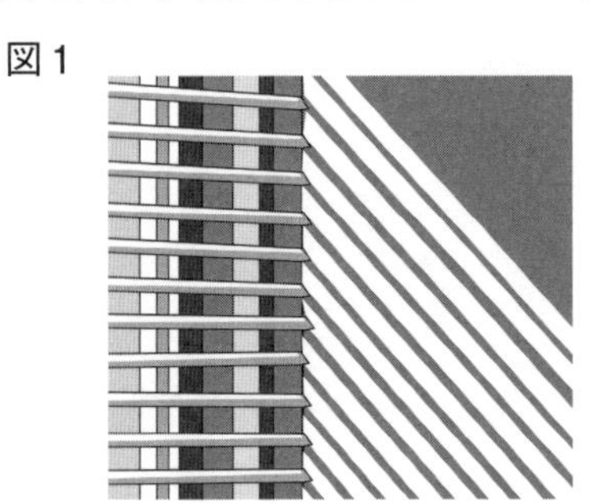

図２

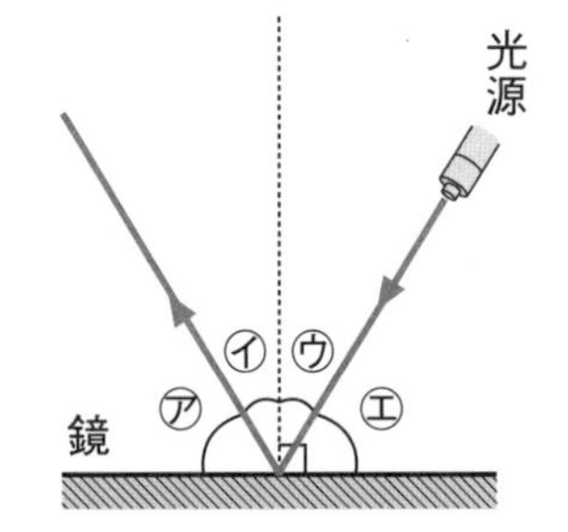

よく出る **2** 物体の見え方について，次の問いに答えなさい。6点×3〔18点〕

(1) いろいろな方向から物体を見ることができるのは，光が物体の表面でいろいろな方向に反射するからである。このような反射を何というか。（　　　　）

作図 (2) 下の図１は，鏡，ろうそく，目の配置を真横から見た図である。ろうそくの炎のP点から出た光が鏡ではね返って，Q点の目にとどくまでの道すじを作図しなさい。

作図 (3) 下の図２は，鏡の前にろうそくを置いたようすを真横から見た図である。ろうそくの像はどの位置にあるように見えるか。作図しなさい。

図１

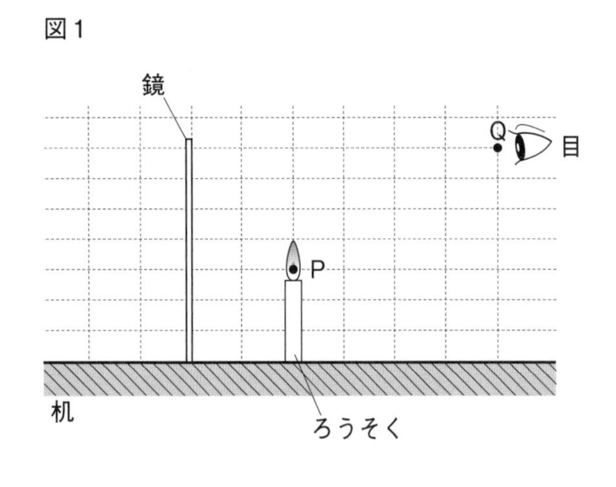

図２

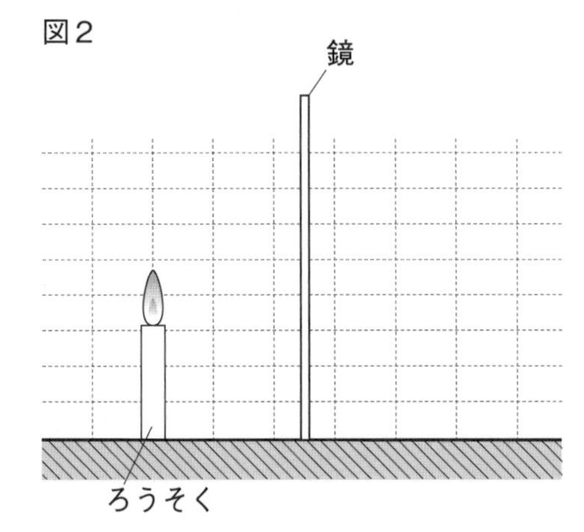

3 下の図は，空気中から水中へ進む光，または水中から空気中へ進む光の道すじを表したものである。これについて，あとの問いに答えなさい。　5点×7〔35点〕

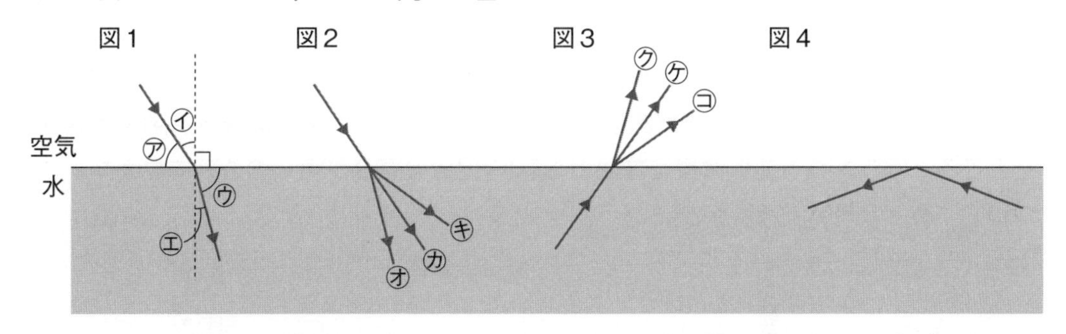

(1) 図1で，入射角と屈折角を示しているのはどれか。㋐〜㋓からそれぞれ選びなさい。

入射角（　　）　屈折角（　　）

(2) 図2と図3で，光はどのように進むか。㋔〜㋙からそれぞれ選びなさい。

図2（　　）　図3（　　）

(3) 図2で，光が空気中から水中に入るときの入射角と屈折角の関係はどのようになっているか。次のア〜ウから選びなさい。（　　）

ア　入射角＞屈折角　　**イ**　入射角＜屈折角　　**ウ**　入射角＝屈折角

(4) 図3で，光が水中から空気中に出るときの入射角と屈折角の関係はどのようになっているか。(3)の**ア**〜**ウ**から選びなさい。（　　）

(5) 図4のように，入射角を大きくしたところ，光はすべて空気と水の境界面で反射された。この現象を何というか。（　　　　）

4 下の図のように，底にコインを入れた容器に少しずつ水を注いでいくと，コインが見えるようになった。これについて，あとの問いに答えなさい。　6点×2〔12点〕

図1　㋐

図2　㋑

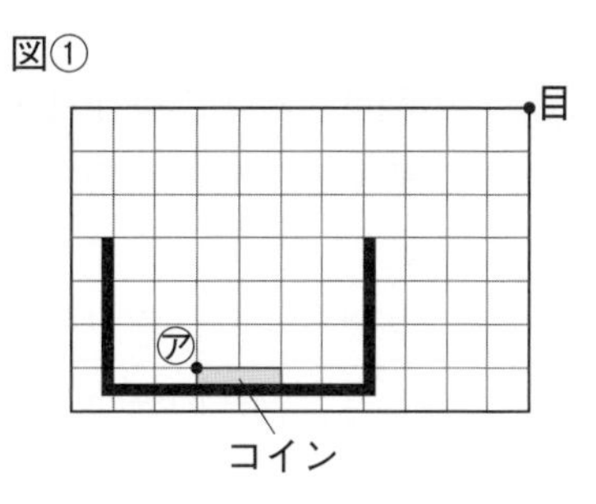

作図 (1) 図1のとき，コインの端が少しだけ見えた。このとき，コインの点㋐で反射した光が目にとどくまでの道すじを図①にかきなさい。ただし，作図に使用した線も残しておくこと。

図②　目　水面　㋑　コイン

作図 (2) 図2のとき，コインの端から中心㋑までが見えるようになっていた。コインの中心㋑で反射した光が目にとどくまでの道すじを，図②にかきなさい。ただし，作図に使用した線も残しておくこと。

テストに出る！

予想問題　第１章　光の性質－②

🕒30分　/100点

1 下の図１のように，厚いガラスを通してえんぴつを見ると，えんぴつはずれて見えた。図２は，図１を上から見たようすである。また，図３のように，容器に水を入れて点Ａから見たところ，水を入れる前には見えなかった10円硬貨（こうか）の点Ｂが点Ｃの位置に見えた。これについて，あとの問いに答えなさい。　4点×3〔12点〕

図１

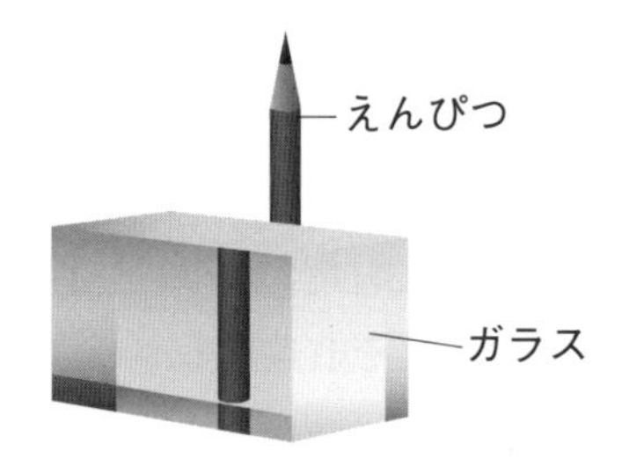

図２

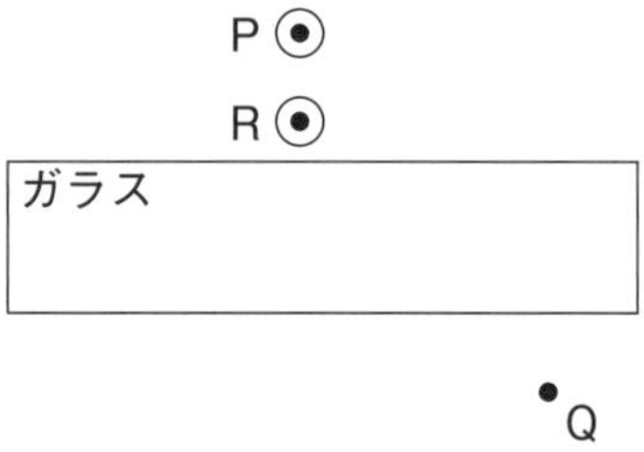

P
R
ガラス
Q

(1) 光が空気中からガラス中に進むとき，光が境界面で折れ曲がって進む現象を何というか。
（　　　　　）

作図 (2) 点Ｑからガラスを通してえんぴつの点Ｐを見ると，点Ｒの位置にずれて見えた。点Ｐから点Ｑまでの光の道すじを図２に実線で表しなさい。ただし，作図に必要な線は消さずに残しておくこと。

図３

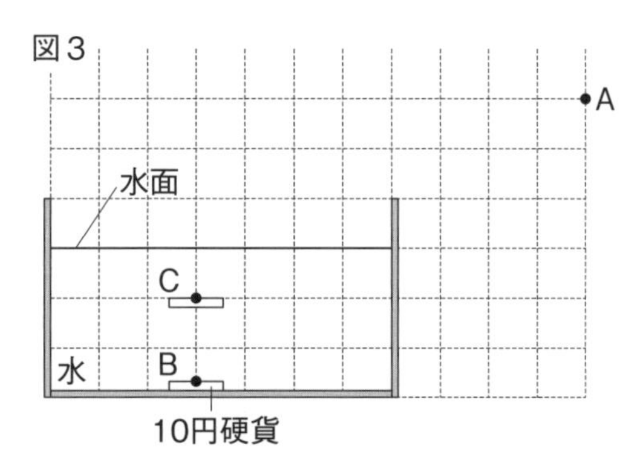

作図 (3) 図３で，点Ｂから点Ａに向かう光の道すじを実線で表しなさい。ただし，作図に必要な線は消さずに残しておくこと。

よく出る **2** 右の図は，物体の先から出た光が，凸レンズを通ってスクリーン上に像をつくるまでの道すじを表そうとしたものである。これについて，次の問いに答えなさい。　4点×4〔16点〕

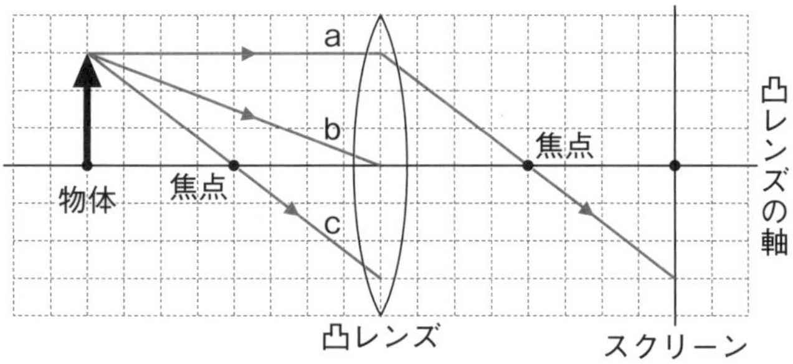

作図 (1) 右の図の位置に物体があるとき，スクリーンに像がうつった。このとき，物体の先から出たｂ，ｃの光は，凸レンズを通ったあと，どのように進んだか。図に実線で表しなさい。

a
b
c
物体
焦点
焦点
凸レンズの軸
凸レンズ
スクリーン

(2) スクリーンにうつった像を何というか。（　　　　　）

(3) スクリーンにうつった像の向きを，次のア～エから選びなさい。（　　）

ア　上下左右が逆向き　　イ　上下だけ逆向き
ウ　左右だけ逆向き　　エ　上下左右が同じ向き

3 下の図のような装置を使い，光源を［　］の①～⑤の位置に置いて，像ができるスクリーンの位置や像の大きさについて調べた。あとの問いに答えなさい。　4点×18〔72点〕

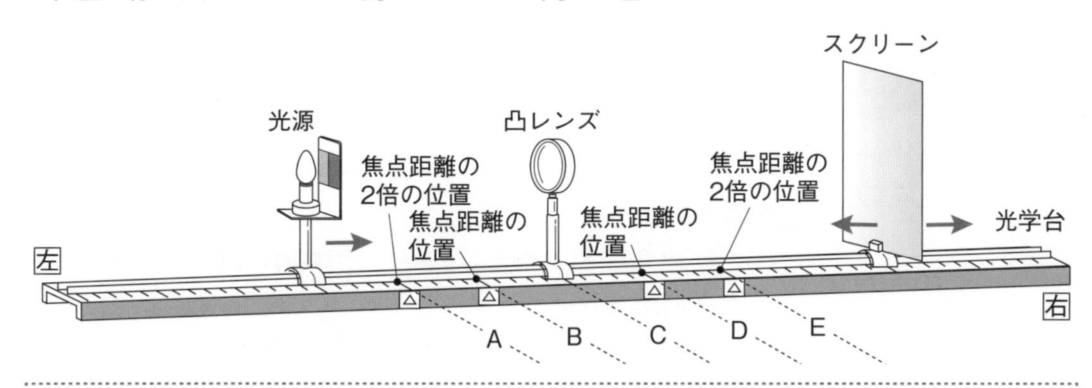

① 光源をAより左の位置に置いた。　② 光源をAの位置に置いた。
③ 光源をAとBの間の位置に置いた。　④ 光源をBの位置に置いた。
⑤ 光源をBとCの間の位置に置いた。

(1) 光源を①～⑤の位置に置いたとき，像ができるスクリーンの位置はどこか。それぞれ次のア～カから選びなさい。

①(　　) ②(　　) ③(　　) ④(　　) ⑤(　　)

ア CとDの間の位置　**イ** Dの位置　**ウ** DとEの間の位置
エ Eの位置　**オ** Eより右の位置　**カ** どの位置に置いても像ができない。

(2) 凸レンズを通して光源と同じ方向に像が見えるのは，光源をどの位置に置いたときか。①～⑤から選びなさい。(　　)

(3) (2)のような像のことを何というか。(　　　　)

(4) 光源を①～⑤の位置に置いたとき，スクリーンにできる像や(3)の像の大きさはどのようになるか。それぞれ次のア～エから選びなさい。

①(　　) ②(　　) ③(　　) ④(　　) ⑤(　　)

ア 光源より大きい。　**イ** 光源と同じ大きさ。
ウ 光源より小さい。　**エ** 像ができない。

(5) 光源を①～⑤の位置に置いたとき，スクリーンにできる像や(3)の像の向きはどのようになるか。それぞれ次のア～オから選びなさい。

①(　　) ②(　　) ③(　　) ④(　　) ⑤(　　)

ア 上下は同じ向き，左右は逆向き　**イ** 上下は逆向き，左右は同じ向き
ウ 上下左右が同じ向き　**エ** 上下左右が逆向き　**オ** 像ができない。

作図 (6) 右の図の位置に光源を置いたとき，どのように像が見えるか作図しなさい。ただし，作図に必要な線は消さずに残しておくこと。

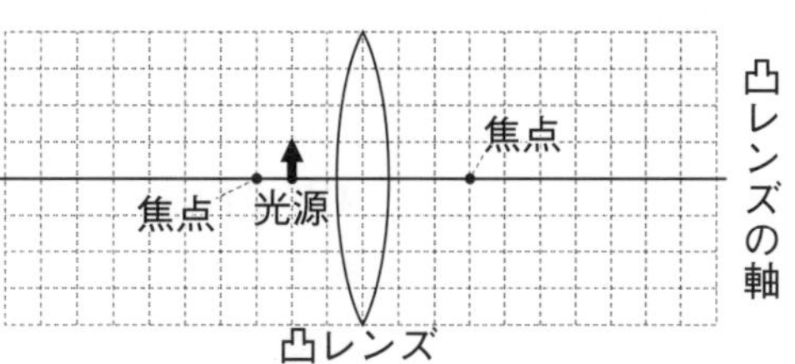

1-3 身のまわりの現象

第2章　音の性質

①**振動**
物体が細かくふるえること。

②**波**
音の振動が伝わっていく現象。空気が押し縮められたり，引き伸ばされたりして伝わる。

③**真空**
空気などの物質がまったくない空間のこと。

④**鼓膜**
耳の中にあるつくり。伝わってきた音の波がこのつくりを振動させることで，音が聞こえる。

⑤**振幅**
音源の振動の幅。

⑥**音の大小**
音源の振幅の大小によって決まるもの。

⑦**振動数**
1秒間に音源が振動する回数。

⑧**ヘルツ**
振動数の単位。記号はHz。

⑨**音の高低**
音源の振動数によって決まるもの。

テストに出る！　ココが要点　解答 p.9

① 音の伝わり方

教 p.157〜p.164

1 音と振動

(1)　**音源**(**発音体**)　音を出す物体。音は物体の(①　　　　)によって出ている。

(2)　音の伝わり方　音の振動は，次つぎと空気中を(②　　　　)として伝わっていく。そのため，(③　　　　)中では音が伝わらない。

図1 ●同じ高さの音が出る音さを使った実験●

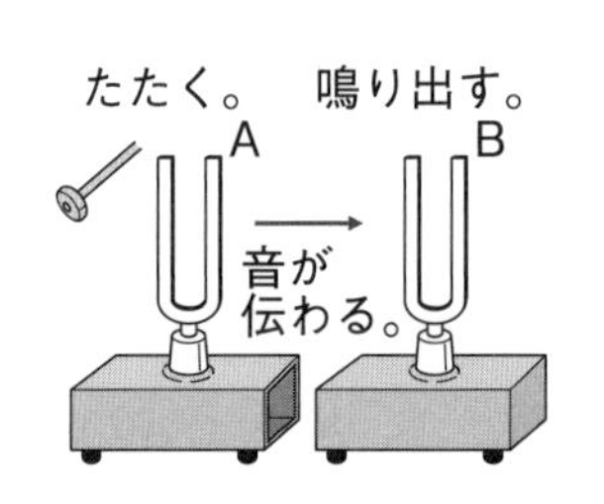

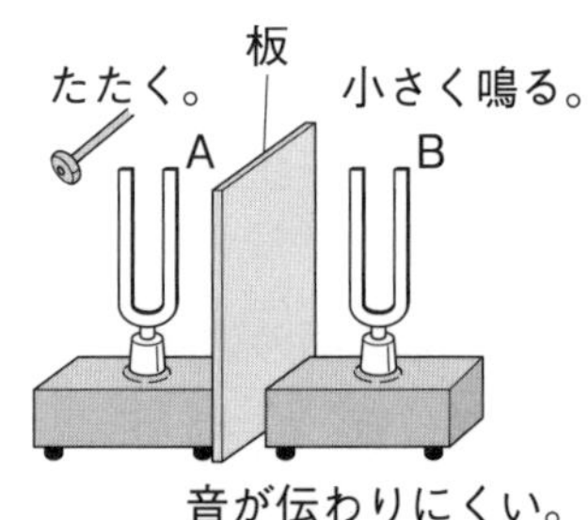

(3)　音が聞こえるしくみ　空気中を伝わってきた音の**波**が耳の中の(④　　　　)を振動させることで，音が聞こえる。

(4)　音の伝わる速さ　光は1秒間に約30万km進むのに対して，音は空気中では1秒間に**約340m**進む。音の速さは，光に比べてとても遅い。

2 音の大きさと高さ

(1)　音の大小　音源の振動の幅を(⑤　　　　)という。振幅によって(⑥　　　　)が決まる。

(2)　音を大きくする方法　**振幅が大きい**ほど，大きな音になる。
- 弦を**強く**はじく。

(3)　音の高低　音源が1秒間に振動する回数を(⑦　　　　)という。振動数の単位は(⑧　　　　)(記号**Hz**)である。振動数によって(⑨　　　　)が決まる。

(4)　音を高くする方法　**振動数が多い**ほど，高い音になる。
- 弦の長さを**短く**する。
- 弦を**強く**張る。
- 弦を**細く**する。

ココが要点の答えになります。

図2

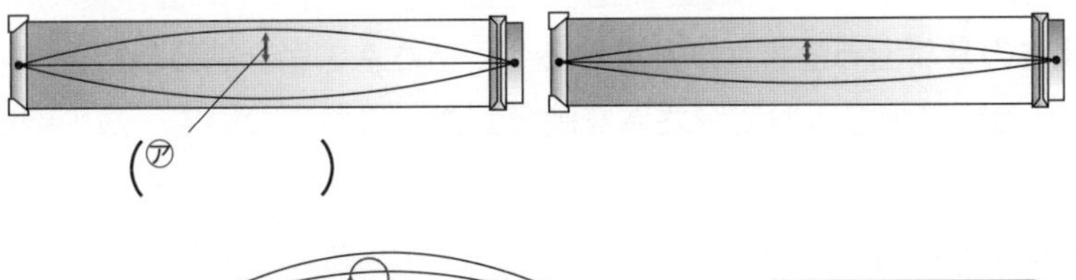

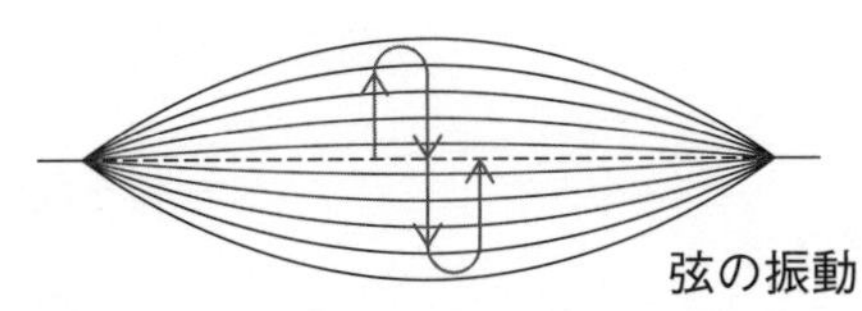

弦の振動

輪ゴムギターの場合は強くはる，ビーカードラムの場合は水の量を減らす，試験管笛の場合は水の量をふやすと，それぞれ音が高くなるよ。

(5) 音を伝える物体　音は空気などの気体の中のほかに，水などの液体，鉄などの固体の中も伝わる。音の伝わる速さは，気体の中より液体や固体の中のほうがずっと速い。

(6) 音の速さの求め方

音の速さ〔(⑩　　　　)〕＝$\dfrac{\text{音源からの距離〔m〕}}{\text{音が伝わる時間〔s〕}}$

⑩m/s
音の速さを表す単位。メートル毎秒。

例花火までの距離が1700mで，花火が見えた5秒後に音が聞こえたときの音の速さは，

$\dfrac{1700\text{〔m〕}}{5\text{〔s〕}}=340\text{〔m/s〕}$

3 波形のグラフの見方

(1) 音の大小　大きな音ほど，波形の波の高さが高くなる。

(2) 音の高低　高い音ほど，波形の一定時間の波の数が多くなる。

ポイント
オシロスコープで，画面の波の数(振動数)が多いほど高い音，波の高さ(振幅)が大きいほど大きい音である。

図3 音の波形

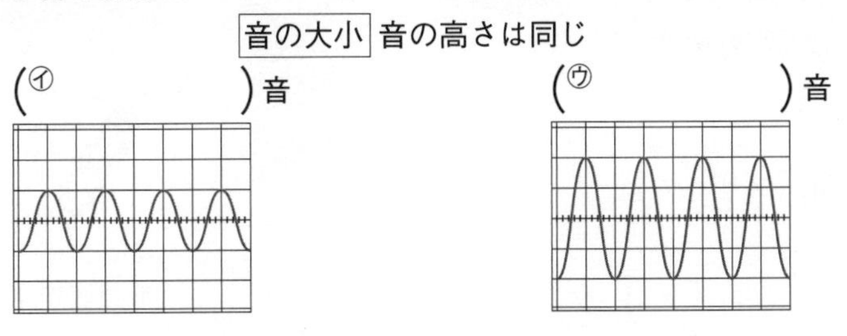

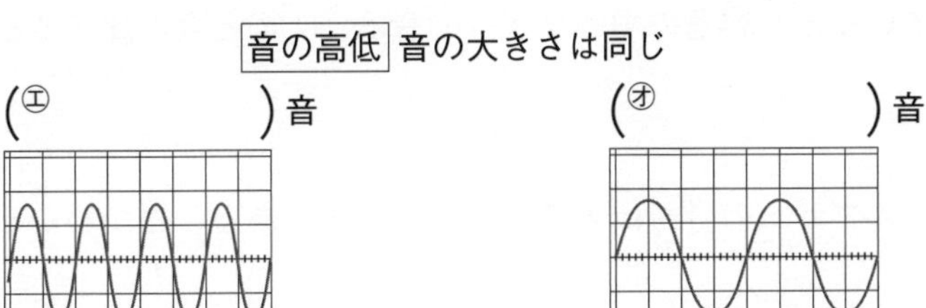

おんさにゴムなどのおもりをつけてたたくと，音が低くなるよ。オシロスコープで見ると，波の数が少なくなるね。

テストに出る！

予想問題　第2章　音の性質

30分　/100点

1 図1のように，同じ高さの音が出る音さA，Bをならべ，音さAの音を鳴らした。次に，図2のように，音さA，Bの間に板を入れて音さAを鳴らした。これについて，次の問いに答えなさい。

4点×4〔16点〕

(1) 図1で，音さ**A**を鳴らすと，音さ**B**の音はどのようになるか。次の**ア**，**イ**から選びなさい。　（　　）

ア　鳴る。

イ　鳴らない。

図1　Aをたたく。

図2　板を入れる。

(2) 図2で，音さ**A**を鳴らすと，音さ**B**の音はどのようになるか。次の**ア**～**エ**から選びなさい。　（　　）

ア　図1より大きい音が鳴る。　**イ**　図1と同じ大きさの音が鳴る。

ウ　図1より小さい音が鳴る。　**エ**　音が鳴らない。

(3) (1)，(2)の結果から，音はどこを伝わっていくことがわかるか。　（　　　　）

(4) 音は，(3)をどのような現象として伝わるか。　（　　　　）

よく出る **2** 音の伝わり方を調べるため，次の実験を行った。これについて，あとの問いに答えなさい。

4点×4〔16点〕

> **実験**　右の図のように，容器の中に音が出ているブザーを入れ，簡易真空ポンプにつないだ。次に，容器の中の空気を少しずつぬいていった。

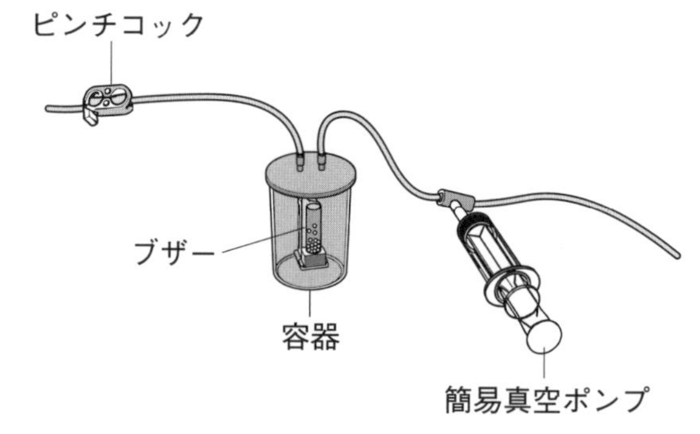

(1) 容器の中の空気をぬく前，ブザーの音は聞こえるか。
（　　　　　　　　）

(2) 容器の中の空気をぬいていくと，容器の中のブザーの音は，(1)のときと比べてどのように聞こえるか。
（　　　　　　　　）

(3) この実験から，容器の中のブザーの音を伝えているものは何であることがわかるか。
（　　　　）

(4) 音が聞こえるのは，(3)の中を伝わってきた音が耳の中の何というつくりを振動させるからか。
（　　　　）

よく出る **3** 図1，図2のモノコードを使って，弦をはじいたときの音のようすを調べる実験を行った。これについて，次の問いに答えなさい。　5点×7〔35点〕

図1
ことじ　a　ここをはじく。
b
aは，ことじを使って弦を短くする。
aとbの張り方と太さは同じ。

図2
c
d
dは，弦を強く張る。
cとdの長さと太さは同じ。

(1) 図1と図2で，高い音が出るのはaとb，cとdのそれぞれどちらをはじいたときか。　図1（　　）　図2（　　）

(2) モノコードの弦の長さをどのようにすると，音が高くなるか。（　　　）

(3) モノコードの弦の張り方をどのようにすると，音が高くなるか。（　　　）

(4) モノコードの弦の太さをどのようにすると，音が高くなるか。（　　　）

(5) (2)～(4)のようにすると音が高くなるのは，弦をはじいたときの何が多くなるからか。（　　　）

(6) モノコードの音を大きくするには，弦をどのようにはじけばよいか。（　　　）

よく出る **4** コンピュータを使って，音の振動のようすを調べる実験を行った。これについて，あとの問いに答えなさい。　5点×5〔25点〕

A
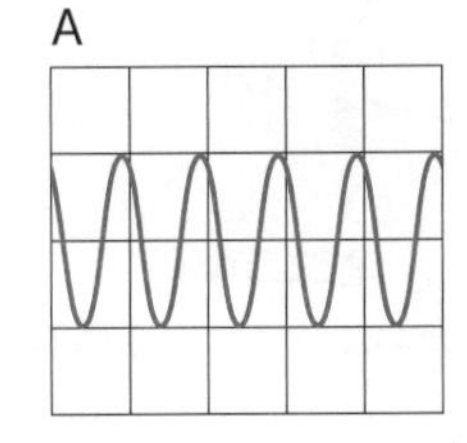
㋐
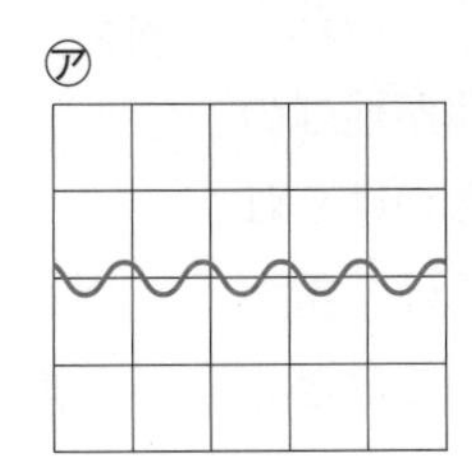
㋑
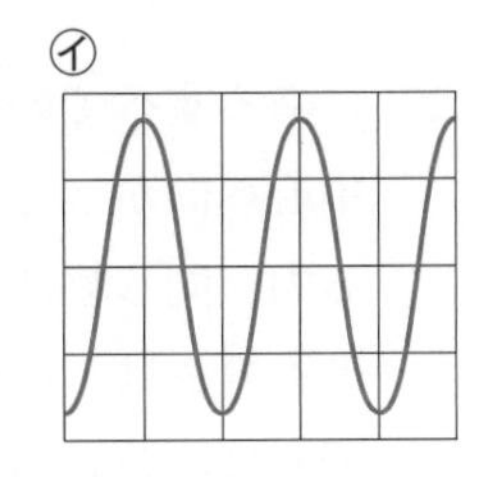
㋒
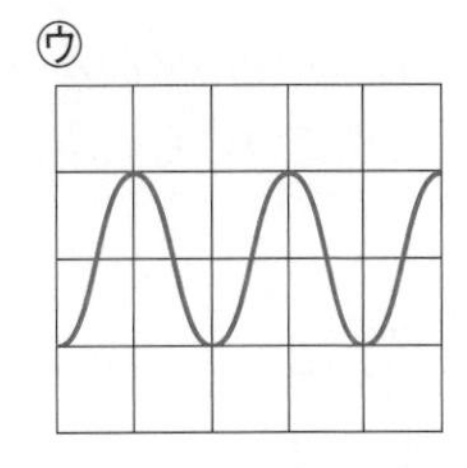

(1) Aの波の高さが表している振動の幅を何というか。（　　　）

(2) Aと同じ大きさの音のようすを示したものは，㋐～㋒のどれか。（　　）

(3) Aと同じ高さの音のようすを示したものは，㋐～㋒のどれか。（　　）

(4) 音が最も大きいのは，㋐～㋒のどれか。（　　）

(5) 音が最も高いのは，㋐～㋒のどれか。（　　）

5 音の伝わり方を調べた。これについて，次の問いに答えなさい。ただし，音は空気中を1秒間に340m進むものとする。　4点×2〔8点〕

(1) 音はどのようなものの中を伝わるか。次のア～エから選びなさい。（　　）

ア　固体の中だけを伝わる。　**イ**　固体と液体の中だけを伝わる。
ウ　液体と気体の中だけを伝わる。　**エ**　固体，液体，気体の中を伝わる。

(2) 花火が見えてから2.0秒後に音が聞こえた。花火までの距離は何mか。（　　　）

第3章　力のはたらき(1)

ミス注意！
物体に力がはたらく場面や力のはたらき方によって，物体が力を受けているときに見られる現象はちがう。

①重力
地球の中心に向かって引きつけられる力。

②ニュートン
力の大きさの単位。記号N。

ポイント
物体が受ける重力が大きいほど，その物体を「重い」と感じる。

テストに出る！ **ココが要点**　解答 p.10

① 力の表し方

教 p.167～p.174

1 力による現象

(1)　力による現象　力を受けている物体には，次の現象が見られる。

- 物体の形が変わる。
- 物体の運動のようすが変わる(速さや向きが変わる)。
- 物体が支えられている。

図1
①物体の形が変わる。　②物体の運動のようすが変わる。　③物体が支えられている。

2 重力(じゅうりょく)

(1)　(①　　　　　)　地球上にあるすべての物体が地球の中心へ向かって引きつけられる力。同じ物体が受ける重力の大きさは，地球上ではどこでもほぼ等しい。

(2)　重力の単位　重力の大きさの単位は(②　　　　　)(記号N)で表す。100gの物体が受ける重力は約1Nである。

(3)　力の大きさの表し方　ばねに物体をつるすと，物体にはたらく重力によって，ばねは伸(の)びる。このときの物体が受ける重力は，ばねを同じだけ伸ばすために手がばねばかりを引く力と，大きさが同じである。

図2

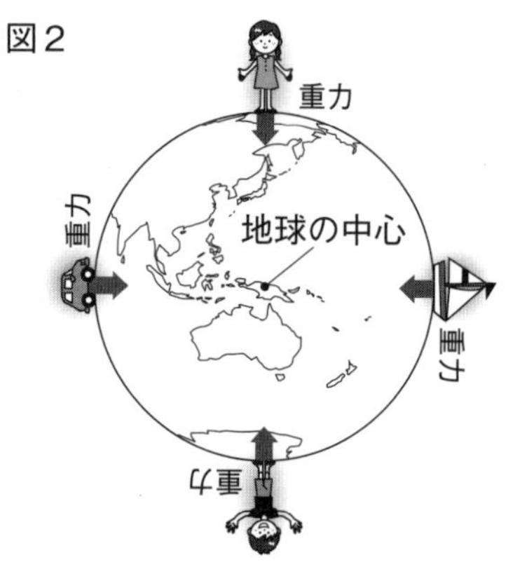

図3

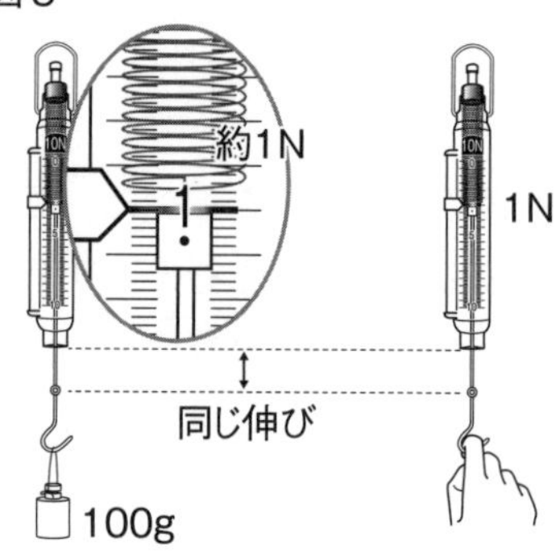

ココが要点の答えになります。

3 ばねの性質と力

(1) 力とばねの伸び　ばねにいろいろな質量のおもりをつるし，ばねにはたらく力の大きさとばねの伸びとの関係をグラフに表すと，グラフは原点を通る直線になる。

図４

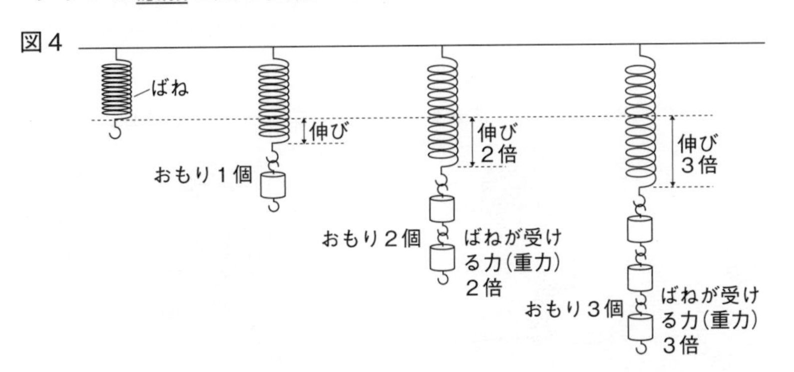

図５

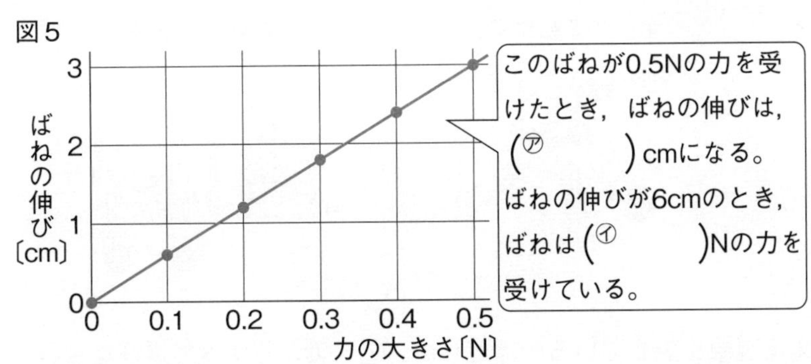

(2) フックの法則　ばねの伸びは，ばねが受ける力の大きさに比例する。これを(③　　　　)という。

4 力の表し方

(1) 力の表し方　物体にはたらく力は，力の大きさ，力の向き，(④　　　　)(力のはたらく点)の３つの要素を，矢印を用いて表す。

(2) 力を表す矢印

- 矢印のはじまり…作用点(さようてん)からかく。
- 矢印の向き…(⑤　　　　)にする。
- 矢印の長さ…(⑥　　　　)に比例した長さにする。

図６ ●力の矢印●

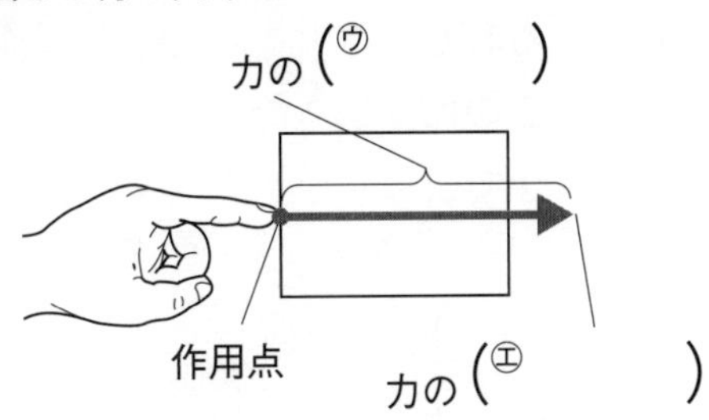

満点★ミッション

ポイント
グラフが原点を通る直線で表されるとき，縦軸と横軸の値は比例の関係を表している。

③フックの法則
ばねの伸びはばねが受ける力の大きさに比例するという法則。

④作用点
力のはたらく点のこと。

⑤力の向き
力を矢印で表すとき，矢印の向きが表すもの。

⑥力の大きさ
力を矢印で表すとき，矢印の長さが表すもの。

ポイント
物体が受ける重力を図で表すときは，物体の中心を作用点として，１本の矢印で表す。

テストに出る！

予想問題　第３章　力のはたらき(1)

30分　/100点

1 下の図は，いろいろな物体に力を加えたときのようすを表したものである。これについて，あとの問いに答えなさい。　5点×3〔15点〕

㋐ ばねを引く。

㋑ ボールをへこませる。

㋒ ボールをける。

㋓ バーベルを支える。

㋔ ボールを転がす。

㋕ 荷物を支える。

(1) 主に物体の形を変える現象を表しているのはどれか。㋐～㋕からすべて選びなさい。　(　　　)

(2) 主に物体の運動のようすを変える現象を表しているのはどれか。㋐～㋕からすべて選びなさい。　(　　　)

(3) 主に物体を持ち上げたり支えたりする現象を表しているのはどれか。㋐～㋕からすべて選びなさい。　(　　　)

2 重力について，次の問いに答えなさい。ただし，100gの物体が受ける重力の大きさを１Nとする。　5点×3〔15点〕

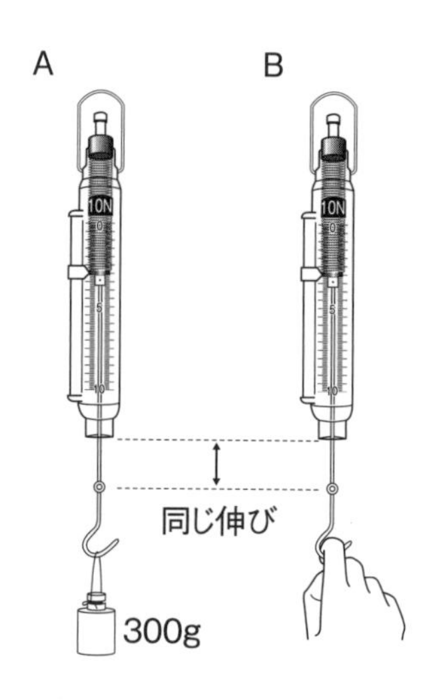

(1) 重力の大きさを表す単位Nは，何と読むか。カタカナで答えなさい。　(　　　)

(2) 右の図のように，300gの物体をばねばかりAにつるしたとき，ばねばかりAは，何Nを示すか。また，このときのばねばかりAと同じ伸びになるように，ばねばかりBを手で引いた。手が引く力の大きさは，何Nか。

ばねばかりAが示す値(　　　)

手が引く力の大きさ(　　　)

3 図1のように，ばねに1個20gのおもりをいくつかつるしてばねの伸びを調べた。下の表はその結果である。これについて，あとの問いに答えなさい。ただし，100gの物体が受ける重力の大きさを1Nとする。

5点×10〔50点〕

図1

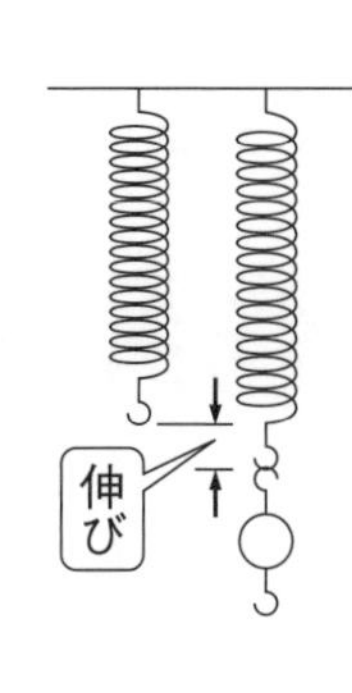

おもりの数〔個〕	0	1	2	3	4	5
力の大きさ〔N〕	0	㋐	㋑	㋒	㋓	㋔
ばねの伸び〔cm〕	0	1.0	1.9	3.0	4.1	5.0

(1) 表の㋐〜㋔にあてはまる力の大きさの値を答えなさい。

㋐（　　　）㋑（　　　）㋒（　　　）
㋓（　　　）㋔（　　　）

図2

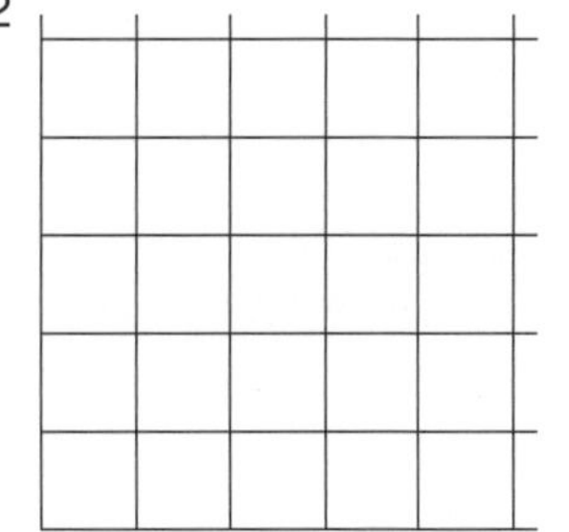

作図 (2) 図2に，このばねが受ける力の大きさとばねの伸びとの関係を表すグラフをかきなさい。

(3) このばねが1.2Nの力を受けたとき，ばねの伸びは何cmになるか。（　　　）

(4) このばねの伸びが3.5cmになったとき，ばねは何Nの力を受けているか。（　　　）

(5) ばねが受ける力の大きさとばねの伸びには，どのような関係があるか。
（　　　）

(6) (5)のような関係は何とよばれるか。（　　　）

よく出る **4** 図1は，手が物体を押す力を矢印で表したものである。図2は，200gの物体を糸でつるしたものである。これについて，次の問いに答えなさい。

5点×4〔20点〕

図1

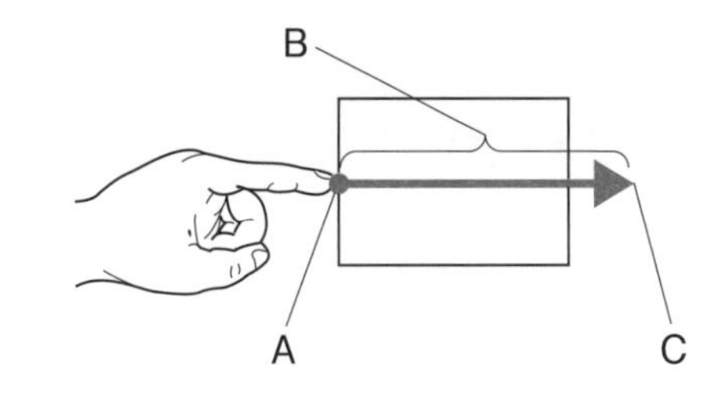

(1) 図1のAの点，Bの矢印の長さ，Cの矢印の向きは，それぞれ力の何を表しているか。

A（　　　）
B（　　　）
C（　　　）

図2

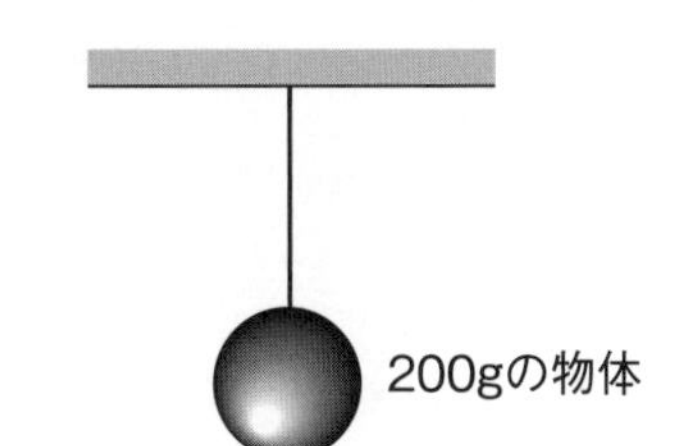

作図 (2) 図2の200gの物体にはたらく重力を，矢印で表しなさい。ただし，100gの物体が受ける重力の大きさを1Nとし，1Nの力を1cmの長さの矢印で表すものとする。

第3章　力のはたらき(2)

①つり合っている
1つの物体に2つの力がはたらいていて，物体が動かないときをいう。図1や図2の状態。

②2力の大きさ
1つの物体が受ける2力がつり合うとき，等しくなっている条件。

③2力の向き
1つの物体が受ける2力がつり合うとき，反対になっている条件。

ミス注意！
1つの物体にはたらく2力がつり合っているとき，物体は動かず，静止している。

テストに出る！ ココが要点　解答 p.11

① 力のつり合い

教 p.175〜p.179

1 2力がつり合う条件

(1)　2力のつり合い　1つの物体が2つ以上の力を受けているのに物体が静止しているとき，物体が受ける力は，(①　　　　　　)という。

(2)　2力がつり合うときの条件

- 2力が一直線上にある。
- (②　　　　　　)が等しい。
- (③　　　　　　)が反対である。

図1 引き合うとき

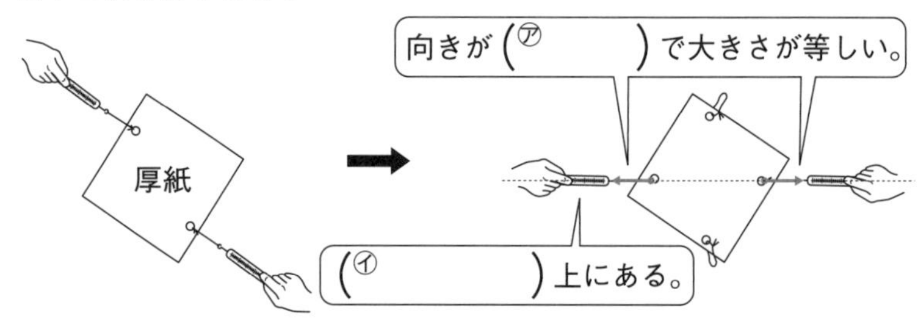

図2 押し合うとき

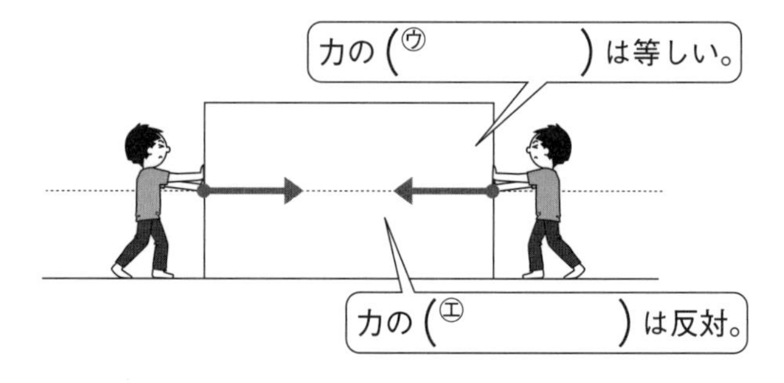

図3 いろいろな力のつり合い

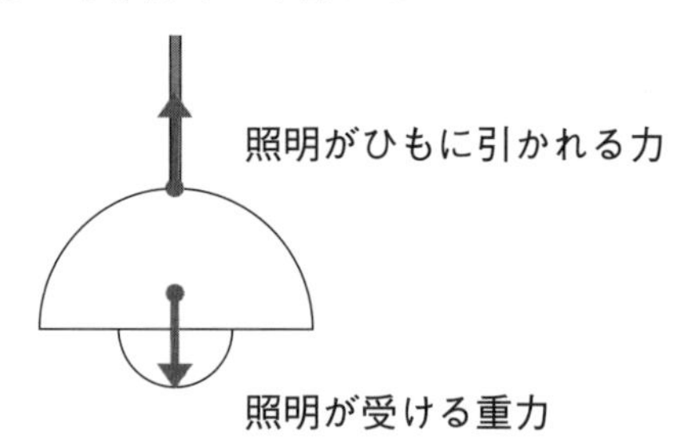

ココが要点の答えになります。

② さまざまな力

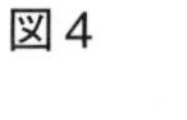
教 p.180～p.181

1 身のまわりのさまざまな力

図4

(1) (④　　　　　) 変形した物体がもとの形にもどろうとして，受けた力と反対向きにはたらく力。

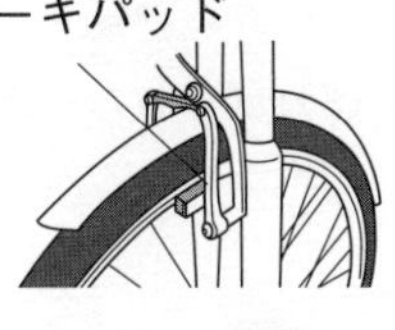

(2) (⑤　　　　　) 2つの物体がふれ合っている面と面の間で，物体の運動をさまたげるようにはたらく力。

(3) **磁力**　磁石のN極とS極が引き合ったり，同じ極どうしがしりぞけ合ったりする力。

(4) **電気の力**　2種類の物体をこすり合わせると，物体が引き合ったり，しりぞけ合ったりする力が生じる。このような力を，電気の力という。

③ 重さと質量

教 p.182

1 重さと質量

(1) 重さと質量

- (⑥　　　　　)…物体にはたらく重力の大きさを示す。はかる場所によって，大きさは異なる。
- (⑦　　　　　)…物体そのものの量を示す。はかる場所が変わっても質量の値は**変わらない**。単位は**グラム**(記号g)や**キログラム**(記号kg)など。

(2) 重さと質量のちがい　月面上では重力の大きさは地球上の約6分の1しかないため，ばねばかりが示す物体の重さも，約6分の1となる。

図5

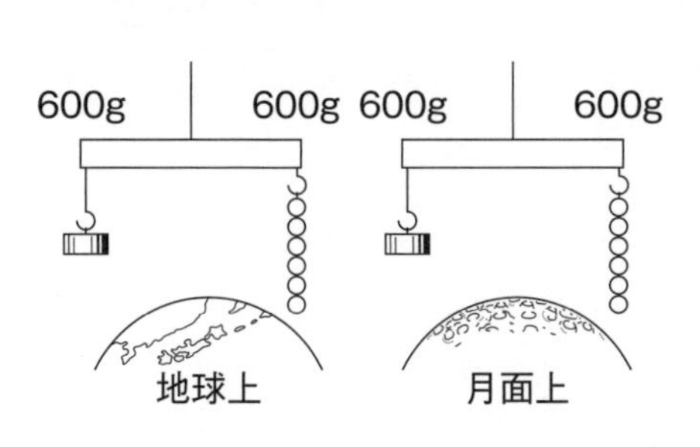

満点★ミッション

④**弾性力**
引き伸ばされたばねのように，変形した物体がもとにもどろうとしてはたらく力。

⑤**摩擦力**
2つの物体がふれ合う面で，物体の運動をさまたげるようにはたらく力。

ポイント
磁力や電気の力は，物体どうしが離れていてもはたらく。

⑥**重さ**
物体にはたらく重力の大きさのこと。

⑦**質量**
gやkgの単位で表される，物体そのものの量のこと。

テストに出る！

予想問題　第３章　力のはたらき⑵

30分　/100点

1 下の図のように，厚紙につけた２つのばねばかりＡ，Ｂを両側に引いたところ，ある位置で厚紙が静止した。これについて，あとの問いに答えなさい。　5点×3〔15点〕

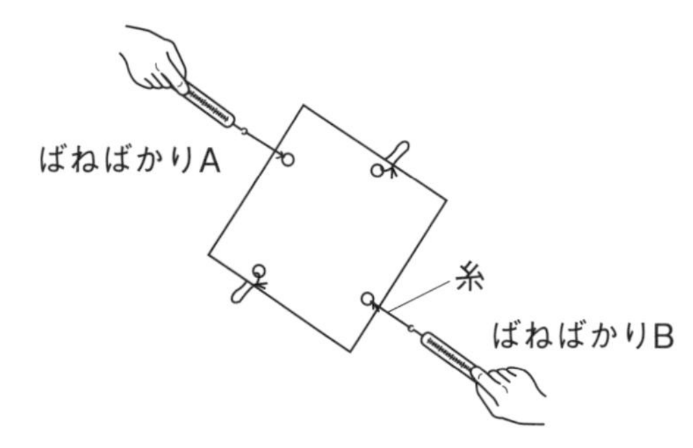

⑴　ばねばかりＡは３Ｎを示していた。ばねばかりＢの示している値は何Ｎか。次のア～ウから選びなさい。　（　　）

ア　３Ｎ

イ　３Ｎより大きい。

ウ　３Ｎより小さい。

⑵　２本の糸の位置関係はどうなっているか。（　　　　）

⑶　物体が受ける２力がつり合っているとき，２力の向きはどうなっているか。

（　　　　）

2 下の図①～⑦のうち，２力がつり合っているものには○，つり合っていないものには×をそれぞれ書きなさい。　5点×7〔35点〕

（①　　）

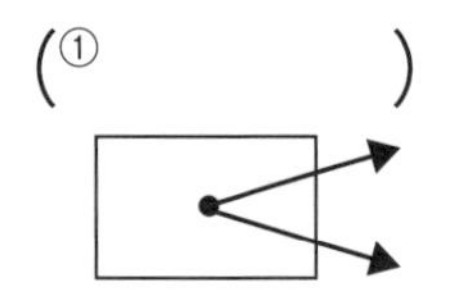

（②　　）

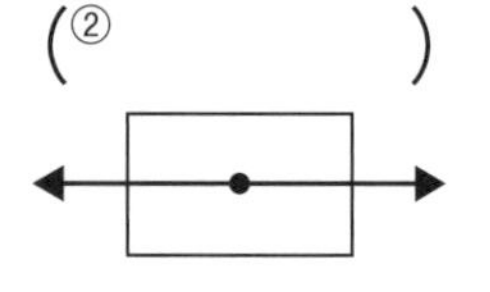

（③　　）

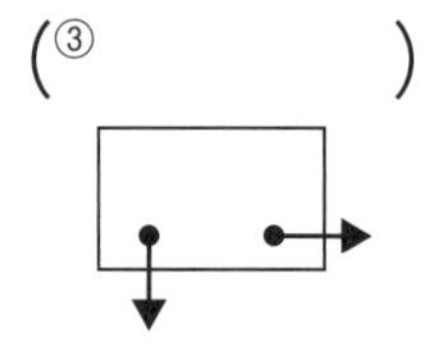

（④　　）

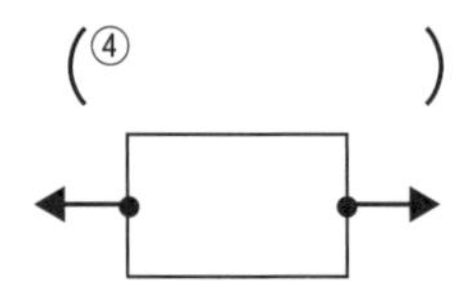

（⑤　　）

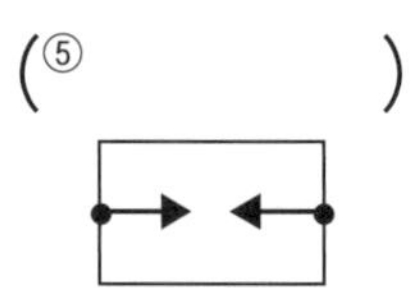

（⑥　　）

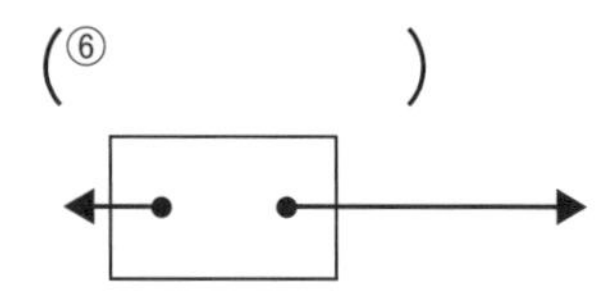

（⑦　　）

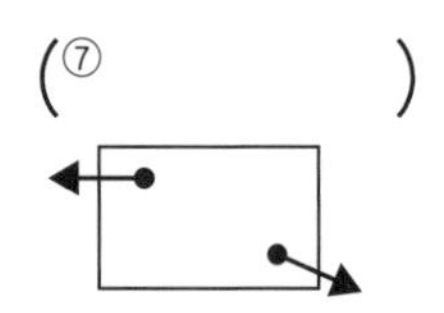

3 いろいろな力について，あとの問いに答えなさい。ただし，100gの物体が地球から受ける力の大きさを１Nとする。

5点×9〔45点〕

図１

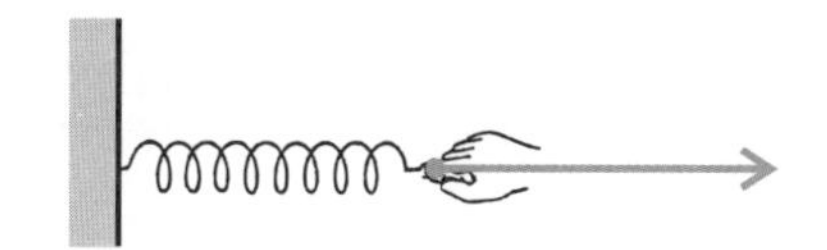

図２

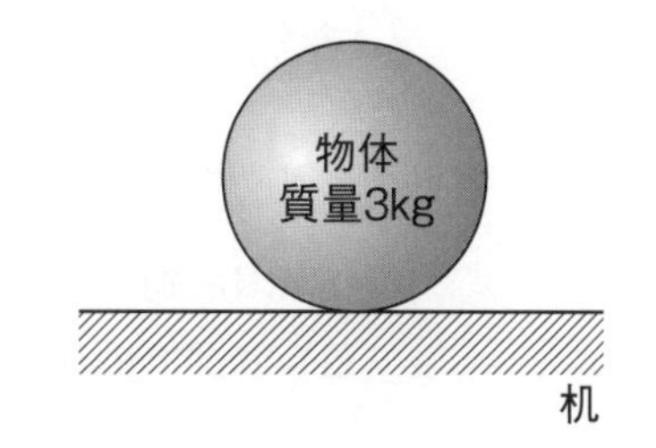

(1) 図１のように，壁に取りつけたばねを手で引いた。このとき，ばねがもとにもどろうとしてはたらく力を何というか。（　　　　）

(2) 図２のように，質量３kgの物体を机の上にのせた。このとき，物体は，地球の中心に向かって引きつけられる力を受ける。このような力を何というか。（　　　　）

作図 (3) 右の図に，物体が受ける(2)の力を矢印で表しなさい。ただし，１目盛りは10Nの大きさを表すものとする。

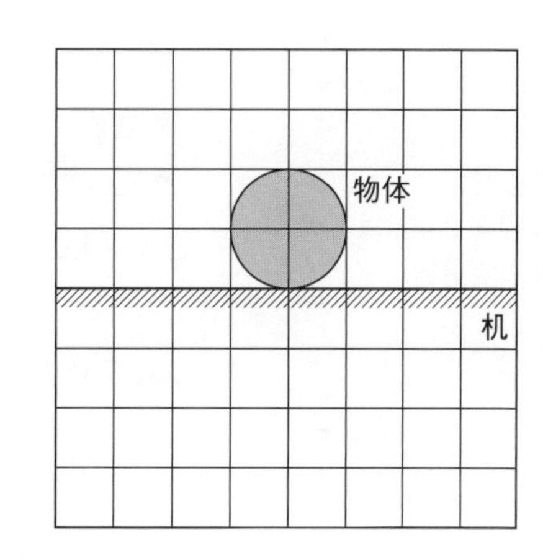

(4) 図２では，机に接した物体は机から垂直に力を受けている。このような力を何というか。（　　　　）

作図 (5) 右の図に，物体が受ける(4)の力を矢印で表しなさい。ただし，１目盛りは10Nの大きさを表すものとする。

(6) 机の上に筆箱を置き，指で左右に押した。このとき，机と筆箱のふれ合う面ではたらく力を何というか。（　　　　）

(7) 筆箱を右から左に向かって押したとき，(6)の力はどの向きにはたらくか。

（　　　　から　　　　）

(8) 力には，(1)～(7)で調べたもののほかに，磁力というものもある。磁石のＮ極とＳ極の間，Ｓ極とＳ極の間には，それぞれしりぞけ合う力と引き合う力のどちらがはたらくか。

①Ｎ極とＳ極（　　　　）

②Ｓ極とＳ極（　　　　）

4 ある物体の質量をはかると，240gだった。この物体を，重力の大きさが地球の$\frac{1}{6}$である月面上でばねばかりにつるすと，何Ｎを示すか。ただし，100gの物体が受ける重力の大きさを１Nとする。

〔5点〕

（　　　　）

第1章　火山～火を噴く大地～

①マグマ
液体になった状態の岩石。

②噴火
マグマだまりにあるマグマが地表に噴き出す現象。

③火山噴出物
噴火によって火口から噴き出したもの。

④火山灰
直径が2mm以下の火山噴出物。

火山噴出物が地表に積み重なって高くなったものが火山だよ。

テストに出る！ ココが要点　解答 p.12

① 火山

教 p.193～p.196

1 火山活動

(1) マグマの発生と噴火　液体の状態の岩石を（①　　　　）という。地下のマグマだまりにたまっているマグマが地表に噴き出す現象が（②　　　　）である。

(2) （③　　　　）　噴火によって火口から噴き出したもの。

- 火山ガス…主に水蒸気で，二酸化炭素などもふくまれる。
- （④　　　　）…直径2mm以下の噴出物。
- 火山れき…直径2～64mmの噴出物。
- 溶岩…マグマが火口から流れ出たもの。
- 火山弾…噴き飛ばされた溶岩が空気中で冷えて固まったもの。

図1 火山と火山噴出物

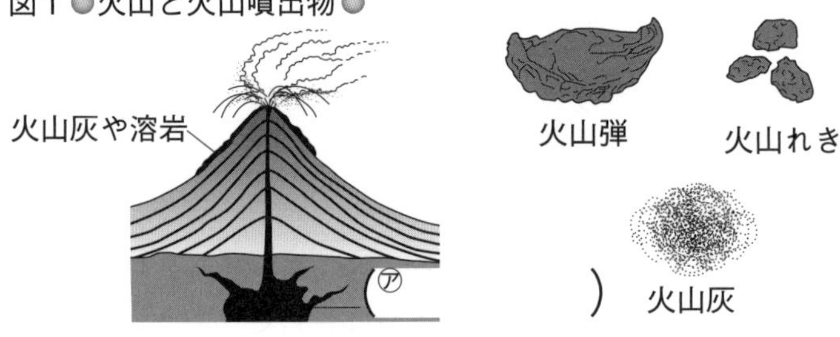

2 マグマのねばりけと火山の特徴

(1) マグマのねばりけが小さい火山　比較的おだやかな噴火が起こりやすく，火山の傾斜はゆるやかになる。

(2) マグマのねばりけが大きい火山　爆発的な噴火が起こりやすく，火山はおわんをふせたようなドーム状になる。

図2

火山の形			
火山の例	マウナロア	桜島	雲仙普賢岳
マグマのねばりけ	（イ　　　）	←→	（ウ　　　）
噴火のようす	おだやか	←→	爆発的

ココが要点の答えになります。

② 鉱物と岩石

教 p.197～p.209

1 鉱物（こうぶつ）

(1) 鉱物　マグマが冷えて固まるときにできた結晶。規則正しい形をしている。白っぽい鉱物を（⑤　　　　），黒っぽい鉱物を（⑥　　　　）という。

図3

セキエイ	チョウ石	クロウンモ	カクセン石	キ石	カンラン石	磁鉄鉱（じてっこう）
不規則に割れる。	決まった方向に割れる。	決まった方向にうすくはがれる。	柱状に割れやすい。	柱状に割れやすい。	不規則に割れる。	磁石につく。
無色鉱物		有色鉱物				

2 火成岩（かせいがん）

(1) 火成岩　マグマが地表や地下で冷えて固まった岩石。

● （⑦　　　　）…マグマが地表や地表付近で短い間に冷えて固まった岩石。

● （⑧　　　　）…マグマが地下深いところで長い時間をかけて冷えて固まった岩石。

(2) 火成岩のつくり

● 火山岩（かざんがん）…肉眼でも見える斑晶（はんしょう）と小さな粒（つぶ）である石基（せっき）からなる，（⑨　　　　　　）というつくりをもつ。

● 深成岩（しんせいがん）…結晶が大きく成長し，肉眼で見える大きさの鉱物でできている。（⑩　　　　　　）というつくりをもつ。

図4 ● 火成岩とそのつくり ●

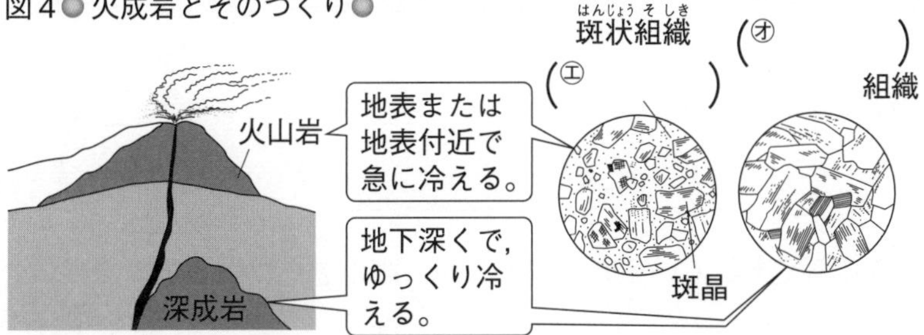

図5 ● 火成岩の分類 ●

火山岩（斑状組織）	玄武岩（げんぶがん）	安山岩	流紋岩（りゅうもんがん）
深成岩（等粒状組織（とうりゅうじょうそしき））	斑れい岩（はんれいがん）	せん緑岩	花こう岩

色合い	黒っぽい	←→	白っぽい
有色鉱物	多い	←→	少ない
マグマのねばりけ	小さい	←→	大きい

満点★ミッション

⑤無色鉱物
白っぽい鉱物。セキエイ，チョウ石など。

⑥有色鉱物
黒っぽい鉱物。クロウンモ，カクセン石，キ石，カンラン石，磁鉄鉱など。

⑦火山岩
マグマが短い間に冷えて固まった岩石。玄武岩，安山岩，流紋岩がある。

⑧深成岩
マグマが長い時間をかけて冷えて固まった岩石。斑れい岩，せん緑岩，花こう岩がある。

⑨斑状組織
火山岩のつくり。斑晶と石基からできている。

⑩等粒状組織
深成岩のつくり。同じくらいの大きさの鉱物でできている。

解答 p.12

テストに出る!

予想問題 第１章　火山～火を噴く大地～

⏲30分　/100点

1 右の図は，火山のつくりと火口から噴き出されるものを表したものである。これについて，次の問いに答えなさい。
4点×6〔24点〕

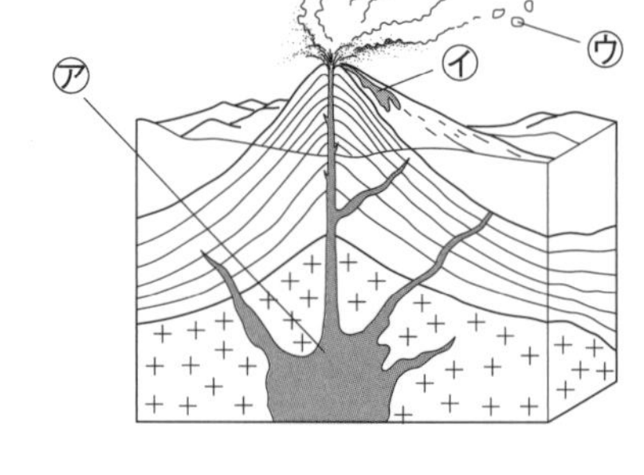

(1) 図の㋐は，地下の岩石の一部が液体になってできたものである。これを何というか。
(　　　　)

(2) ㋐がたまっている場所を何というか。
(　　　　)

(3) 図の㋑は，噴火によって㋐が火口から流れ出たものである。これを何というか。
(　　　　)

(4) 図の㋒は，噴火によって噴き飛ばされた㋐が，空気中で冷えて固まった大きなかたまりである。これを何というか。(　　　　)

(5) 火口から噴き出されるもののうち，直径が２mm以下のものを何というか。
(　　　　)

(6) 噴火によって火口から噴き出されるものをまとめて何というか。
(　　　　)

よく出る **2** 右の図は，形の異なる火山の断面の模式図である。これについて，次の問いに答えなさい。
4点×7〔28点〕

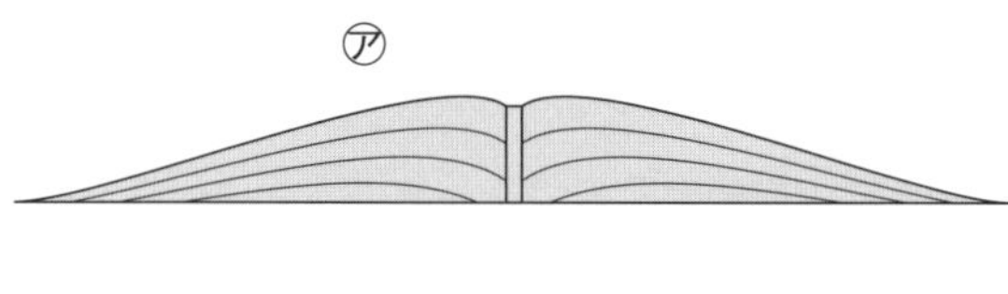

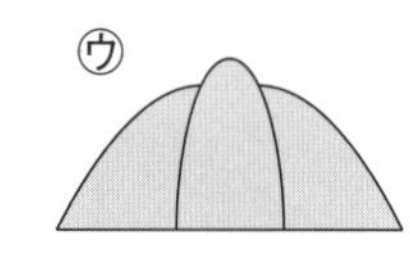

(1) 火山の形に㋐～㋒のようなちがいがあるのは，あるもののねばりけがちがうためである。あるものとは何か。
(　　　　)

(2) 図の㋐～㋒を(1)のねばりけが大きい順にならべなさい。
(　　→　　→　　)

(3) 白っぽい成分が最も多くふくまれている火山はどれか。図の㋐～㋒から選びなさい。
(　　)

(4) 噴火が比較的おだやかな火山はどれか。図の㋐～㋒から選びなさい。(　　)

(5) 次の①～③の火山は，どのような形をしているか。図の㋐～㋒からそれぞれ選びなさい。
①(　　)　②(　　)　③(　　)

①　桜島(鹿児島県)
②　マウナロア(アメリカ，ハワイ島)
③　雲仙普賢岳(長崎県)

3 次の手順で，火山灰の観察をした。図２のａ～ｇは，さまざまな鉱物のようすである。これについて，あとの問いに答えなさい。　4点×6〔24点〕

図１

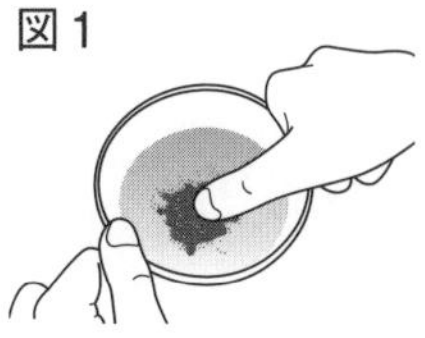

手順　① 図１のように，少量の火山灰を蒸発皿に入れる。
② 蒸発皿に水を加え，（　）。にごった水を捨てる。
③ ②の操作を数回くり返し，水がきれいになったら乾燥（かんそう）させる。
④ ペトリ皿に移して，双眼実体顕微鏡で観察する。

図２

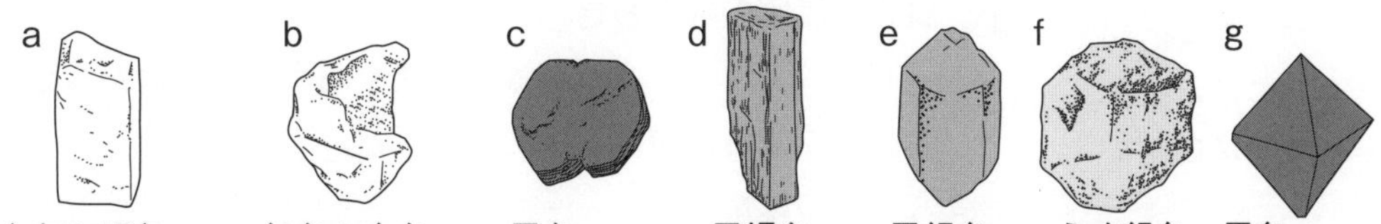

a	b	c	d	e	f	g
白色か灰色。決まった方向に割れる。	無色か白色。不規則に割れる。	黒色。うすくはがれる。	黒褐色。柱状に割れやすい。	黒緑色。柱状に割れやすい。	うす緑色。不規則に割れる。	黒色。磁石につく。

記述 (1) 観察の手順②で，（　）にあてはまる操作を答えなさい。
（　　　　　　　　　　）

(2) 図２のａ，ｂ，ｃの鉱物を何というか。次のア～オからそれぞれ選びなさい。
ａ（　　）ｂ（　　）ｃ（　　）

ア クロウンモ　イ チョウ石　ウ キ石　エ セキエイ　オ カンラン石

(3) ａ，ｂのような色をした鉱物を何というか。（　　　）

(4) 次のア～エのうち，(3)の鉱物の割合が最も多い火成岩はどれか。（　）

ア 花こう岩　イ せん緑岩　ウ 斑れい岩　エ 安山岩

よく出る **4** 右の図は，２種類の火成岩の表面を観察したようすを表したものである。これについて，次の問いに答えなさい。　3点×8〔24点〕

㋐

㋑

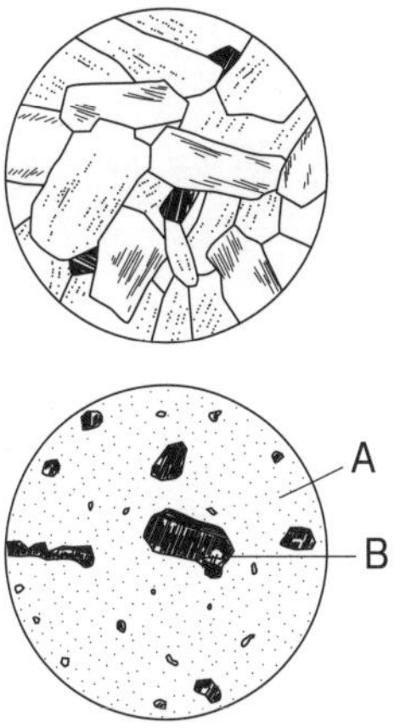

A

B

(1) ㋐，㋑のようなつくりをそれぞれ何というか。
㋐（　　　　）㋑（　　　　）

(2) ㋑で，Ａ，Ｂの部分をそれぞれ何というか。
Ａ（　　　　）Ｂ（　　　　）

(3) ㋐，㋑の岩石ができた場所やでき方として正しいものを，次のア～エからそれぞれ選びなさい。
㋐（　　）㋑（　　）

ア マグマが地表や地表付近で，短い時間で急に冷えて固まった。
イ マグマが地表や地表付近で，長い時間をかけてゆっくりと冷えて固まった。
ウ マグマが地下の深い場所で，短い時間で急に冷えて固まった。
エ マグマが地下の深い場所で，長い時間をかけてゆっくりと冷えて固まった。

(4) ㋐，㋑のつくりをもつ火成岩を，それぞれ何というか。
㋐（　　　　）㋑（　　　　）

第２章　地層～大地から過去を読みとる～

①風化
岩石が長い年月の間に，気温の変化や雨水などのはたらきによって粒になっていくこと。

②侵食（しんしょく）
岩石をけずったり，岩石の一部を溶かしたりする流水のはたらき。

③運搬
流水が土砂を運ぶはたらき。

④堆積岩
土砂などが固まってできた岩石。れき岩，砂岩，泥岩，石灰岩，チャート，凝灰岩（ぎょうかいがん）がある。

⑤凝灰岩
火山灰などが固まってできた岩石。

テストに出る！ ココが要点　解答 p.13

① 堆積岩のできかた

教 p.211～p.219

1 風化と流水のはたらき

(1) (①　　　　　) 気温の変化や雨水などのはたらきによって岩石がくずれ，粒になっていくこと。

(2) 流水のはたらき
- (②　　　　　)…流水が岩石をけずるはたらき。
- (③　　　　　)…流水が土砂を運ぶはたらき。
- 堆積（たいせき）…流水の流れが弱くなった場所で土砂が積もること。

(3) 地層のでき方　流水によって運搬（うんぱん）された土砂が，流れが弱くなったところで堆積することで地層ができる。地層は，下の層ほど古く，上の層ほど新しい。

(4) (④　　　　　) 土砂などが固まってできた岩石。

図１

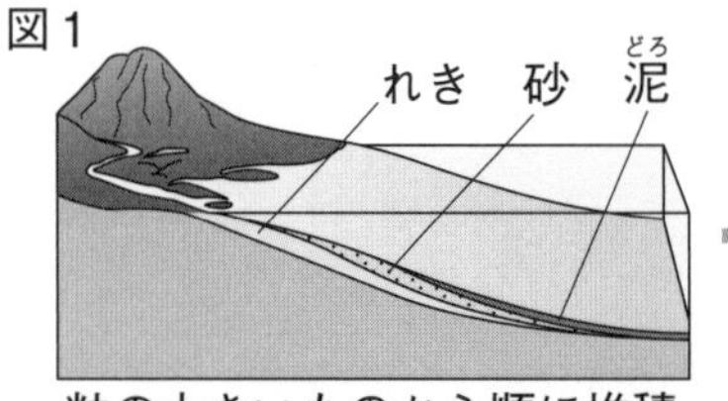

粒の大きいものから順に堆積して，層をつくる。

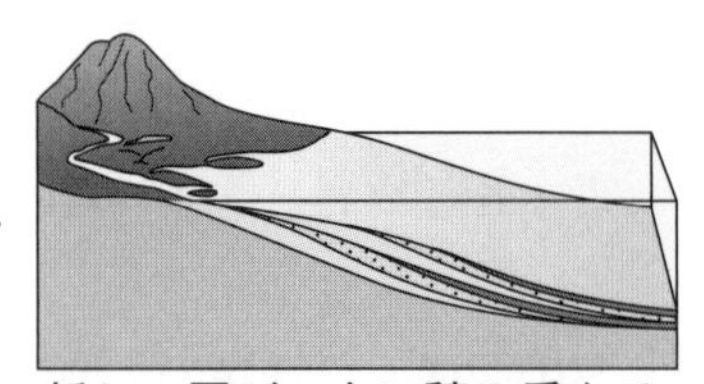

新しい層が，上に積み重なる。

2 地層をつくる岩石～堆積岩（たいせきがん）～

(1) 堆積岩　岩石にふくまれる主な粒が，れき，砂，泥かによって，それぞれれき岩（がん），砂岩（さがん），泥岩（でいがん）に分けられる。
- れき岩，砂岩，泥岩…土砂からできた堆積岩。粒の大きさによって分けられる。粒は丸みをおびている。

(㋐　　　　　)	砂岩	(㋑　　　　　)
直径２mm以上	直径２～約0.06mm	直径約0.06mm以下

- 石灰岩（せっかいがん），チャート…生物の死がいなどが固まってできた岩石。

堆積岩	(㋒　　　　　)	(㋓　　　　　)
うすい塩酸をかけると	二酸化炭素が発生。	変化しない。
岩石のかたさ	やわらかい。	かたい。

- (⑤　　　　　)…火山灰などが固まってできた岩石。

ココが要点の答えになります。

② 地層から過去を読み取る

教 p.220～p.229

1 堆積岩からわかること

(1) 堆積岩からわかること・考えられること

- れき岩の層…当時は，扇状地(せんじょうち)などの水の流れが速い場所や陸地に近い海岸であった。
- 泥岩の層…当時は，湖や湾(わん)や沖合(おきあい)など，水の動きの少ない場所であった。
- 凝灰岩の層…当時，火山活動があった。

(2) 化石　生物の死がいや生活したあとなどが堆積岩の中に残ったもの。

- (⑥　　　　　)…地層が堆積した当時の環境(かんきょう)を知る手がかりとなる化石。

例サンゴ(水温が25～30℃のきれいな暖かく浅い海)，シジミ(海水と淡水(たんすい)が混ざる河口や湖)

(3) 示準化石(しじゅんかせき)と地質年代(ちしつねんだい)

- (⑦　　　　　)…地層が堆積した年代が推定できる化石。

例サンヨウチュウ(古生代)，アンモナイト(中生代)，ビカリア(新生代)

- (⑧　　　　　)…示準化石などをもとに地球の歴史を区分した時代。古いものから順に，古生代，中生代，新生代などに分けられる。

図2●いろいろな示準化石●

古生代	中生代	新生代
フズリナ サンヨウチュウ クサリサンゴ	アンモナイト 恐竜(きょうりゅう)	ビカリア ナウマンゾウ 貨幣石(かへいせき)

サンヨウチュウ

アンモナイト

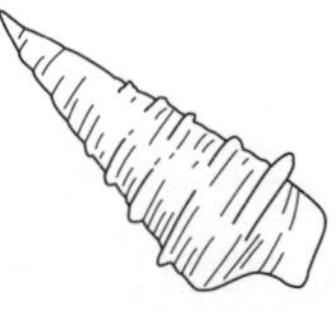
ビカリア

2 地層の広がり

(1) 柱状図(ちゅうじょうず)　地層の重なり方を，柱のように表した図。

(2) (⑨　　　　　)　地層を比較するときの目印となる層。特徴的な化石をふくむ層や火山灰の層を目印にすることが多い。

満点★ミッション

⑥示相化石(しそうかせき)
地層の堆積当時の環境を知る手がかりとなる化石。すんでいる環境が明らかな生物の化石が見つかると，どのような環境で堆積したかがわかる。

⑦示準化石
地層の堆積した年代を推定できる化石。限られた期間に広い範囲で生存していた生物の化石である。

⑧地質年代
古生代，中生代，新生代などのように分けられる，地球の歴史を区分した時代。

⑨かぎ層(そう)
同じ時期に堆積した地層を比較するときの目印となる地層。

テストに出る！

予想問題　第2章　地層～大地から過去を読みとる～ ー①

30分　/100点

1 右の図は，地層のでき方を表したものである。これについて，次の問いに答えなさい。

4点×5〔20点〕

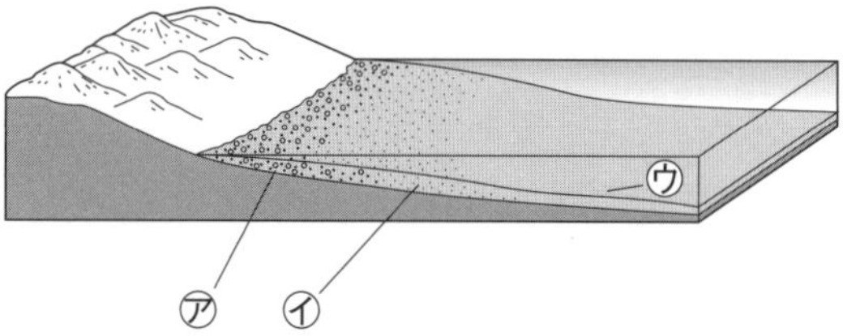

(1) 地表の岩石は，長い年月の間に，気温の変化や雨水などのはたらきによってもろくなり，くずれて，粒になっていく。この現象を何というか。　(　　　　)

(2) 土砂は，川などの水によって流される。土砂を運ぶ流水のはたらきを何というか。　(　　　　)

(3) 川などの水によって流された土砂は，水の流れがどのようになったところで堆積するか。
(　　　　　　　　)

(4) 図の㋐～㋒の堆積物のうち，粒の大きさが最も小さいものはどれか。　(　　)

(5) いっぱんに，地層は下の層と上の層のどちらが新しいか。　(　　　　)

2 下の図は，地層から採取した岩石をスケッチしたものである。これについて，あとの問いに答えなさい。

3点×9〔27点〕

A
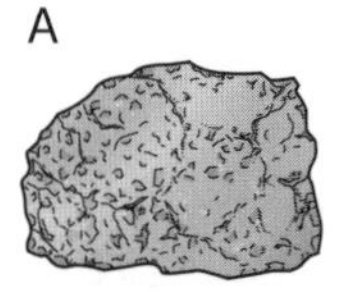
土砂からできている。粒の大きさは2mm以上。

B
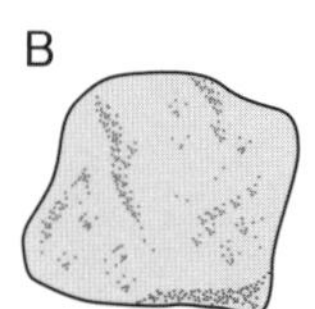
土砂からできている。粒の大きさは0.06～2mm。

C
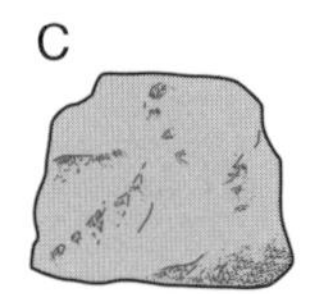
土砂からできている。粒の大きさは0.06mm以下。

D
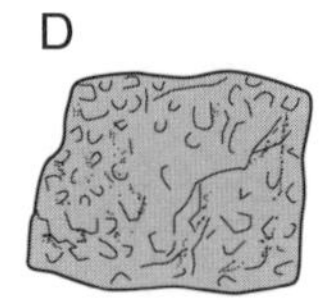
生物の死がいなどからできていて，うすい塩酸をかけたら気体が発生。

E
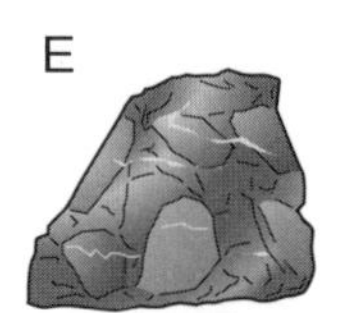
生物の死がいなどからできていて，うすい塩酸をかけても変化がない。

F
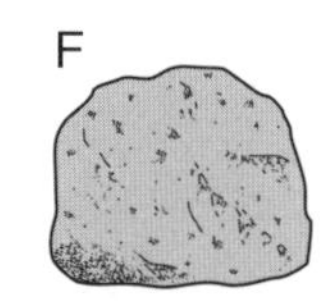
火山灰などが固まってできたもの。

(1) **A～F**の岩石を何というか。次の**ア～カ**からそれぞれ選びなさい。

A(　　)　B(　　)　C(　　)　D(　　)　E(　　)　F(　　)

ア　石灰岩　　**イ**　凝灰岩　　**ウ**　砂岩
エ　れき岩　　**オ**　チャート　　**カ**　泥岩

(2) **A～F**の岩石のような，堆積した土砂や生物の生がいや火山灰などが固まってできた岩石を何というか。　(　　　　)

(3) **D**にうすい塩酸をかけたときに発生する気体は何か。　(　　　　)

(4) **E**をくぎで引っかいても傷がつかなかった。このことから，この岩石はどのような特徴をもつことがわかるか。　(　　　　　　　　)

よく出る **3** 下の図１はサンゴの化石，図２は地層の堆積した年代を推定するのに役立つ化石である。これについて，あとの問いに答えなさい。

4点×7〔28点〕

図１　図２

A　B　C　D

サンゴの化石

(1) 図１のサンゴの化石のように，地層が堆積した当時の環境を推定するのに役立つ化石を何というか。　(　　　　　)

(2) サンゴの化石がふくまれる地層は，どのような環境で堆積したか。次のア～エから選びなさい。　(　　)

ア　暖かくて深い海　　イ　暖かくて浅い海

ウ　冷たくて深い海　　エ　冷たくて浅い海

(3) 図２のA～Dは何の化石か。次の〔　〕からそれぞれ選びなさい。

A (　　　　) B (　　　　) C (　　　　) D (　　　　)

〔 ビカリア　フズリナ　アンモナイト　サンヨウチュウ 〕

(4) 図２の化石のように，地層が堆積した年代を推定するのに役立つ化石を何というか。

(　　　　　)

よく出る **4** 右の図は，あるがけに見られた地層を表したものである。これについて，次の問いに答えなさい。

5点×5〔25点〕

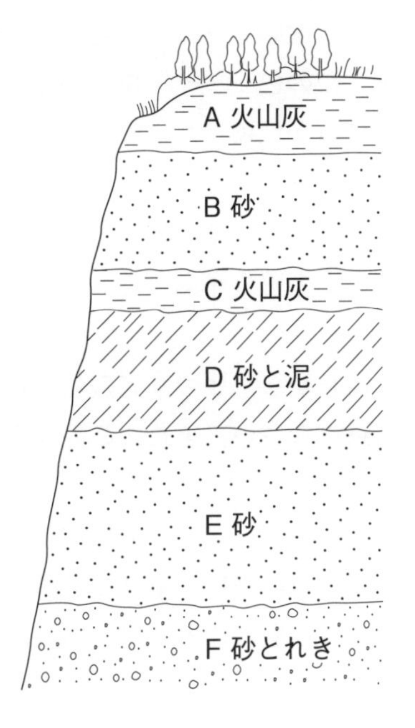

(1) 図のA～Fの地層ができる間に，火山活動が少なくとも何回起こったと考えられるか。　(　　　　)

(2) 最も古い年代に堆積したと考えられる層は，図のA～Fのどれか。　(　　)

(3) 堆積した当時，河口に近かったと考えられる層は，図のA～Fのどれか。　(　　)

(4) 図のEの層からナウマンゾウの歯が見つかった。このことから，Eの層ができたとされる年代として適当なものはどれか。次のア～ウから選びなさい。　(　　)

ア　古生代　　イ　中生代　　ウ　新生代

(5) 古生代，中生代，新生代などの年代のことを何というか。　(　　　　　)

テストに出る！

予想問題 第2章 地層～大地から過去を読みとる～ ―②

30分 /100点

1 右の図は，流水によって土砂が山地から海へ運ばれ，堆積するようすを表したものであり，Aは川，Bは浅い海，Cは沖合の海底である。これについて，次の問いに答えなさい。 5点×3〔15点〕

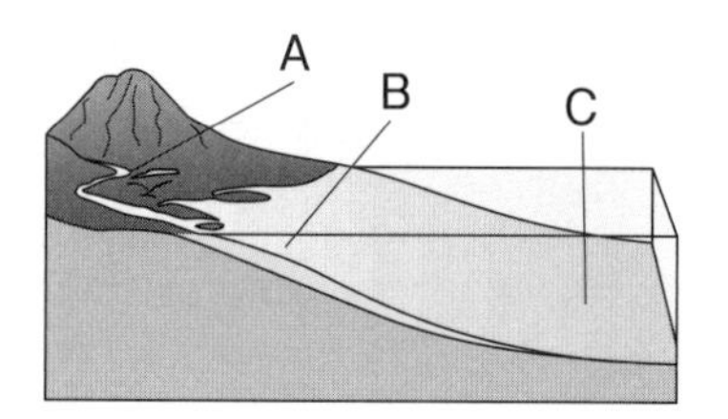

⑴ 土砂のつくられ方について，次の(　)にあてはまる言葉を答えなさい。①(　　　　) ②(　　　　)

> 地表の岩石は，長い間に気温の変化や雨水などのはたらきによって，表面からくずれていく。このことを(①)という。(①)によってもろくなった岩石は，流水などによってけずられていく。このような流水のはたらきを(②)という。

⑵ 流水によって運ばれた土砂のうち，上の図のCに最も多く見られるものはどれか。次のア～ウから選びなさい。 (　　)

ア 砂　イ 泥　ウ れき

2 右の図は，近くのがけで見られる地層のようすをスケッチしたものである。この場所の地層は傾きがなく，どの地層も水平に堆積している。これについて，次の問いに答えなさい。 5点×6〔30点〕

火山灰の層　泥の層　砂の層　れきの層

⑴ 泥，砂，れきは何によって区別されているか。次のア～ウから選びなさい。 (　　)

ア 粒の色　イ 粒のかたさ　ウ 粒の大きさ

⑵ 層Dが堆積したころ，このあたりはどのような場所であったと考えられるか。次のア～エから選びなさい。 (　　)

ア 川岸　イ 河口近くの海底　ウ 陸上　エ 沖合のほうの海底

⑶ 火山の噴火があったときに堆積した地層はどれか。A～Hからすべて選びなさい。 (　　　　)

⑷ 層Fから，ビカリアの化石が見つかった。層Fが堆積した年代はいつか。次のア～ウから選びなさい。また，このような化石を何というか。 年代(　　) 化石(　　　　)

ア 古生代　イ 中生代　ウ 新生代

⑸ 火山灰の層は，離れた場所でも同じ時期に堆積した層を比較するときの目印となる。このような層のことを何というか。 (　　　　)

よく出る **3** 右の図は，ある地点で見られる地層の重なりや，それらの地層をつくっている堆積岩や化石についてまとめたものである。これについて，次の問いに答えなさい。

5点×5〔25点〕

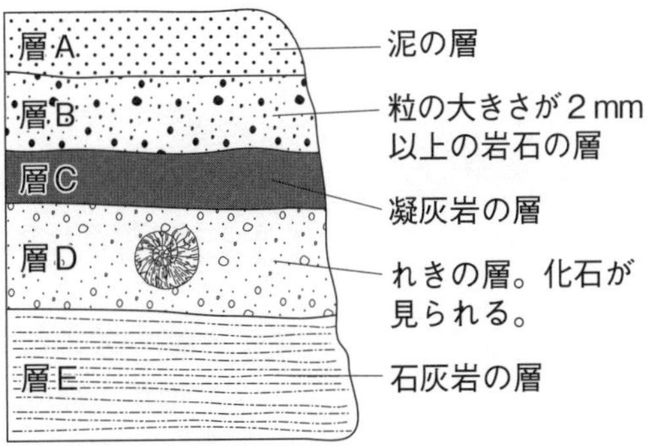

層A　泥の層
層B　粒の大きさが2mm以上の岩石の層
層C　凝灰岩の層
層D　れきの層。化石が見られる。
層E　石灰岩の層

(1)　層Bで見られる堆積岩は何か。次のア～ウから選びなさい。　(　　)

ア　泥岩　　イ　砂岩　　ウ　れき岩

(2)　層Dでは，アンモナイトの化石が見られた。層Dが堆積したのはいつの時代と考えられるか。次のア～ウから選びなさい。

(　　)

ア　古生代　　イ　中生代　　ウ　新生代

(3)　層Eで取れた岩石のかけらにある薬品をかけたところ気体が発生した。このときかけた薬品と発生した気体の名称をそれぞれ答えなさい。

薬品(　　　　)　気体(　　　　)

記述 (4)　図の地層をつくっている堆積岩から，かつて火山活動があったことがわかる。その理由を「火山灰」という言葉を使って答えなさい。

(　　　　　　　　　　　　)

4 右の図は，ある地域の㋐～㋒の３つの地点の地層を調べたものである。これについて，次の問いに答えなさい。

5点×6〔30点〕

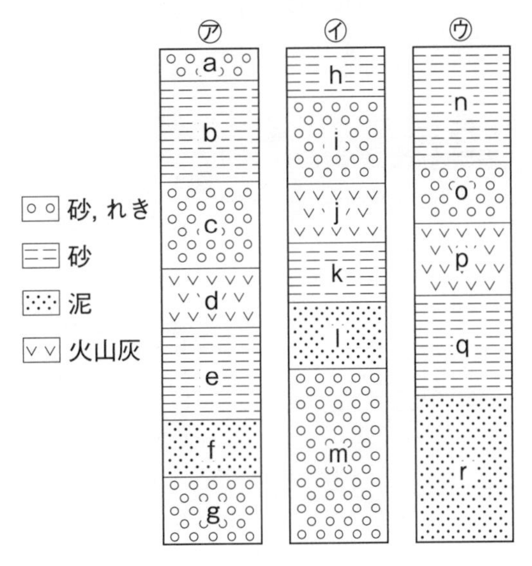

(1)　地層の重なりを右の図のように表したものを何というか。　(　　　　)

(2)　地層は，広く層状に堆積するか，一部にかたよって堆積するか。

(　　　　　　)

(3)　地層のつながりを調べるとき，a～gのどの層を比較する手がかりとするとよいか。

(　　)

(4)　cの層と同時代に堆積したと考えられる層は，h～rのどれか。2つ選びなさい。

(　　)(　　)

(5)　建物を建てるときなどは，地盤のようすを調べるため，地盤に筒をさして地層の試料を取り出して，地層の広がりを推定する。このときの試料を何というか。

(　　　　)

第３章　地震～ゆれる大地～

①震源
地震の発生した場所。

②震央
震源の真上の地表の地点。

③Ｐ波
地震の波のうち，速く伝わる波。初期微動を伝える。

④主要動
初期微動の後に伝わる大きなゆれ。Ｓ波によって伝わる。

⑤初期微動継続時間
Ｐ波とＳ波の到達時刻の差。

⑥震度
観測地点でのゆれの大きさ。10段階に分けられている。

⑦マグニチュード
地震の規模を表す値。

テストに出る！ ココが要点　解答 p.14

① 地震のゆれ

教 p.231～p.238

1 地震の発生とゆれの広がり

(1)　地震の発生　地震が発生した場所を（①　　　　）といい，震源の真上にある地表の地点を（②　　　　）という。震源からのゆれが波として伝わることで大地がゆれる。ゆれの始まった時刻が同じ地点を結ぶ曲線は，震央を中心に同心円状になる。

(2)　地震のゆれ　地震のゆれは，大きく２つに分けられる。

- 初期微動…はじめに伝わる小さなゆれ。地震の波のうち，伝わる速さの速い（③　　　　）によるゆれ。
- （④　　　　）…初期微動の後に伝わる大きなゆれ。地震の波のうち，伝わる速さの遅いＳ波によるゆれ。
- （⑤　　　　）…Ｐ波とＳ波の到達時刻の差。震源から離れるほどＰ波とＳ波の到達時刻の差が大きくなり，初期微動継続時間が長くなる。

(3)　ゆれの大きさ　各観測地点でのゆれの大きさは，（⑥　　　　）で表し，ゆれ方によって10段階（０，１，２，３，４，５弱，５強，６弱，６強，７）に分けられる。地震のゆれは，ふつう，震源から離れるにしたがって小さくなる。

図１

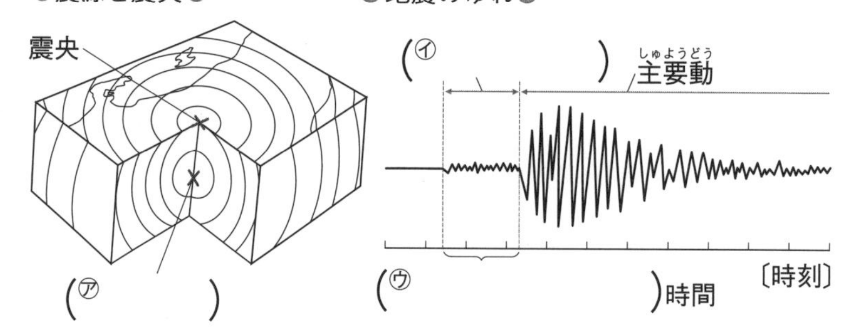

(4)　地震の規模　地震の規模は（⑦　　　　）（記号Ｍ）で表す。マグニチュードが大きいほど，震央付近のゆれが大きく，ゆれの伝わる範囲も広くなる。マグニチュードが１大きくなると，地震のエネルギーは約32倍になる。

ココが要点の答えになります。

② 地震の発生

教 p.239〜p.243

1 プレート

(1) (⑧　　　　　) 地球の表面をおおう，厚さ100kmほどの板状の岩石。さまざまな方向にゆっくりと動いている。

(2) **海溝** 谷のような海底地形。一方のプレートがもう一方のプレートの下に沈みこんでいく，プレートの境目にできる。

(3) **断層** 地下の岩石に非常に大きな力が加わり，岩石が破壊されてずれた場所を(⑨　　　　　)という。断層ができるときに地震が発生する。断層の中でも，近年に活動し今後も動く可能性のある断層を(⑩　　　　　)という。

(4) **内陸型地震** 日本列島の地下で起こる，震源の比較的浅い地震。海洋プレートが沈みこむときに大陸プレートが押され，大陸プレートにある活断層がずれて起こることが多い。

(5) **プレート境界型地震** 海洋プレートの沈みこみによって下に引きずられた大陸プレートのふちが，変形にたえきれなくなって反発して起こる地震。プレートの境目の岩石が破壊される。

③ 大地の変化，大地の活動に関わる恵みや災害

教 p.244〜p.251

1 地震にともなう大地の変化

(1) (⑪　　　　　) 断層のずれによって大地がもち上がること。

(2) (⑫　　　　　) 断層のずれによって大地が沈むこと。

(3) 地層の変形

- (⑬　　　　　)
  …地層に押す力がはたらいたときにできる，波打つような曲がり。

図2
●しゅう曲●

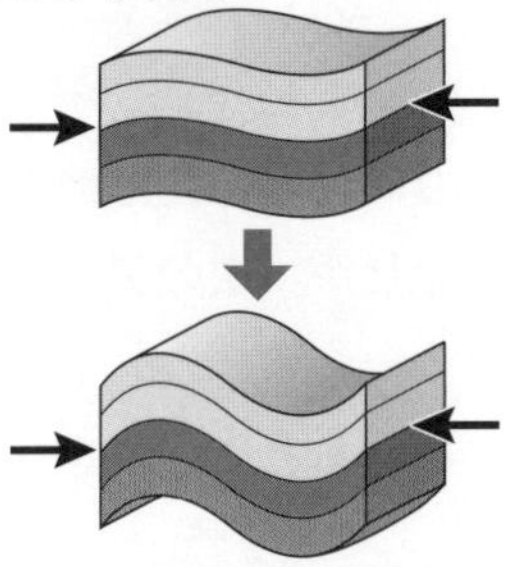

2 大地形のでき方

(1) 大地形のでき方　プレートの動きによって大地形がつくられる。

- **海嶺**…岩石がわき出してできた，海底の山脈のような地形。海洋プレートができる場所。
- **海溝**…海洋プレートが大陸プレートの下に沈みこむ場所。
- 山脈…ヒマラヤ山脈などは，大陸プレートどうしの衝突によって隆起してできたと考えられる。

3 自然の恵みと災害

(1) 自然の恵みと災害　火山や地震は，生活に大きな被害をもたらすこともあるが，豊かな土壌や湧水などの恵みももたらす。

⑧**プレート**
地球の表面をおおう板状の岩石。

⑨**断層**
地下の岩石が非常に大きな力によって割れてずれた場所。

⑩**活断層**
近年に活動し，今後も動く可能性がある断層。

⑪**隆起**
断層にともなうずれにより，大地がもち上がること。

⑫**沈降**
断層にともなうずれにより，大地が沈むこと。

⑬**しゅう曲**
波打つように曲がった地層。地層に押す力がはたらいてできる。

ポイント
地震によって海底が急激に隆起すると，海水がもち上げられる。この海水が大きな水のかたまりとして周囲に広がって，陸地に押し寄せる現象を津波という。

テストに出る！

予想問題　第３章　地震～ゆれる大地～

30分　/100点

1 右の図は，地震が発生した場所とその真上の地表の地点を表したものである。これについて，次の問いに答えなさい。　5点×6〔30点〕

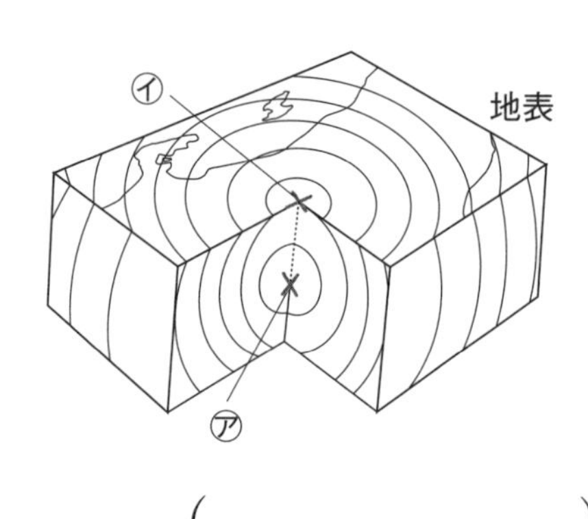

(1) 図で，地震が発生した場所㋐と，その真上の地点㋑をそれぞれ何というか。

㋐(　　　　　)
㋑(　　　　　)

(2) 観測地点での地震によるゆれの大きさは，何で表されるか。(　　　　　)

(3) (2)は，ゆれの程度から何段階に分けられているか。(　　　　　)

(4) 地震の規模の大小は，何で表されるか。(　　　　　)

(5) (4)の値が大きいほど，ゆれが観測される範囲はどのようになるか。

(　　　　　)

よく出る **2** 右の図は，ある地震のゆれをＡ～Ｄの４つの地点で地震計によって記録したものである。これについて，次の問いに答えなさい。　5点×7〔35点〕

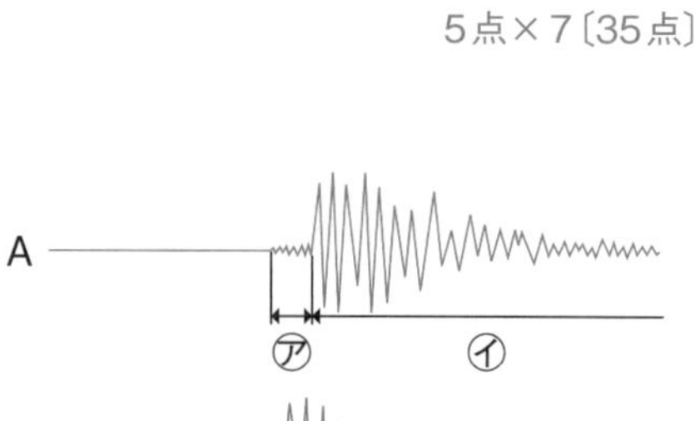

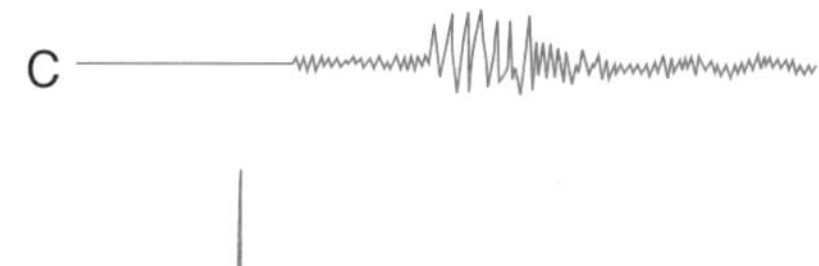
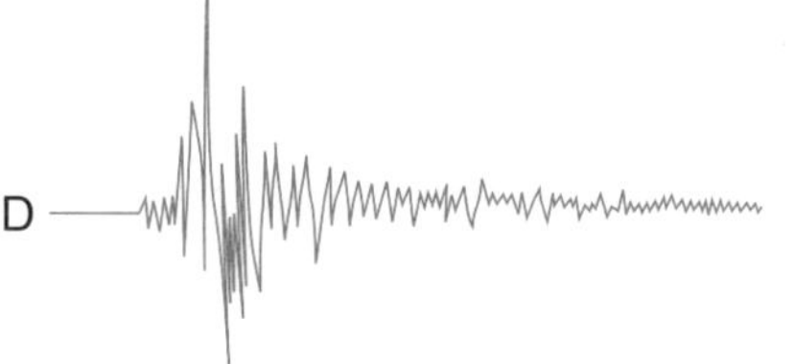

(1) 図Ａの㋐，㋑のゆれをそれぞれ何というか。

㋐(　　　　　)
㋑(　　　　　)

(2) 図Ａの㋐，㋑のゆれを伝える波をそれぞれ何というか。

㋐(　　　　　)
㋑(　　　　　)

(3) 図Ａのように，㋐，㋑のゆれを伝える波が到達する時刻に差があるのはなぜか。次のア～エから選びなさい。(　　)

ア　㋐を伝える波が発生したあとに，㋑を伝える波が発生するため。
イ　㋑を伝える波が発生したあとに，㋐を伝える波が発生するため。
ウ　㋐を伝える波のほうが伝わる速さが速いため。
エ　㋑を伝える波のほうが伝わる速さが速いため。

(4) 図Ａの㋐のゆれを伝える波と㋑のゆれを伝える波の到達時刻の差を何というか。

(　　　　　)

(5) 図Ｂ～Ｄの３つの地点を，震源から近い順にならべなさい。(　　→　　→　　)

よく出る **3** ある地震について，地震のゆれのようすとそのゆれの伝わり方を調べた。図1は，地点Pでの地震計の記録である。また，表は，地点A～Cについて，震源からの距離とゆれが始まった時刻をまとめたものである。これについて，あとの問いに答えなさい。 5点×3〔15点〕

図1

ゆれ㋐
ゆれ㋑

地点	震源からの距離	ゆれ㋐が始まった時刻	ゆれ㋑が始まった時刻
A	63km	9時59分35秒	9時59分43秒
B	140km	9時59分46秒	10時00分05秒
C	182km	9時59分52秒	10時00分17秒

(1) 上の表から，この地震のゆれ㋐を伝える波の速さは何km/sだとわかるか。
( )

(2) 地点Pでは，ゆれ㋐が始まってから，ゆれ㋑が始まるまでの時間が15秒であった。震源から地点Pまでの距離を，次のア～エから選びなさい。 ( )

ア 63km未満 **イ** 63km以上140km未満
ウ 140km以上182km未満 **エ** 182km以上

図2

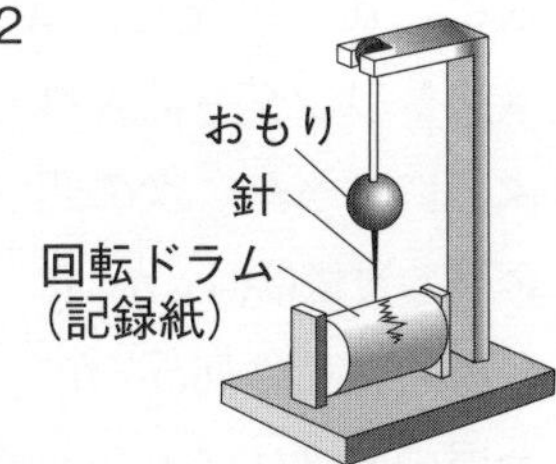

(3) 図2の地震計のしくみについて，次のア～エから正しいものを選びなさい。 ( )

ア 記録紙は，地震のゆれに対して反対方向に動く。
イ 記録紙とおもりと針は，地震のゆれとともに動く。
ウ 記録紙は地震のゆれとともに動くが，おもりと針は動かない。
エ 記録紙とおもりと針は，地震のゆれに対して動かない。

よく出る **4** 右の図は，日本列島の地下の断面を模式的に表したものである。これについて，次の問いに答えなさい。 5点×4〔20点〕

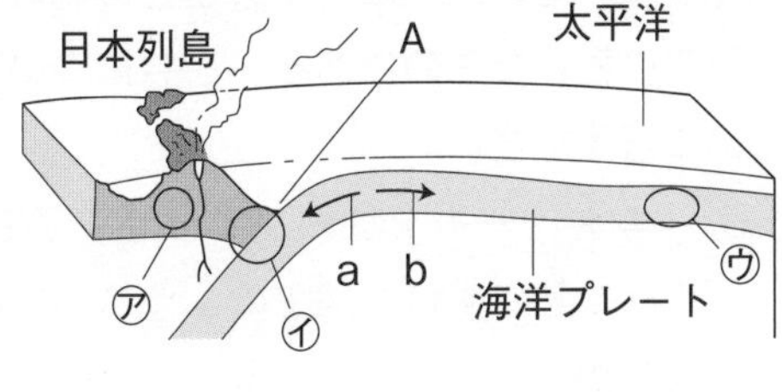

(1) 図のAは海底で深く谷のようになっている部分である。Aを何というか。
( )

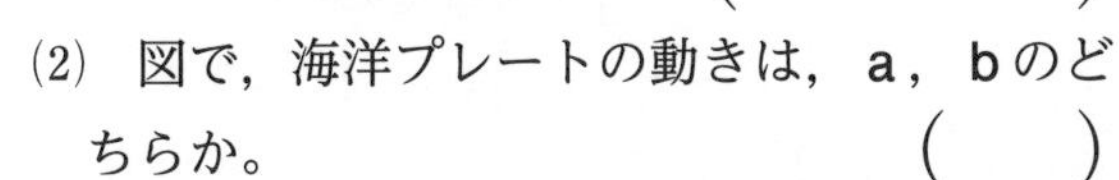

(2) 図で，海洋プレートの動きは，a，bのどちらか。 ( )

(3) 図の㋐～㋒のうち，震源が最も多く分布しているのはどこか。 ( )

(4) 日本列島の地下での震源の分布について，次のア～ウから正しいものを選びなさい。
( )

ア 太平洋側で浅く，大陸側へ向かうほど深くなる。
イ 太平洋側で深く，大陸側へ向かうほど浅くなる。
ウ どこでも同じ程度の深さである。

解答 p.16

巻末特集 教科書で学習した内容の問題を解きましょう。

作図 ① **鏡にうつる物体** 教 p.139　右の図のAに置いた物体の像を，鏡にうつしてBの位置から見た。次の問いに答えなさい。

(1)　物体の像はどこにできるか。右の図に×印でかきなさい。

(2)　Bの位置で物体の像を見たとき，光はどのように進んで目に入るか。右の図に作図しなさい。

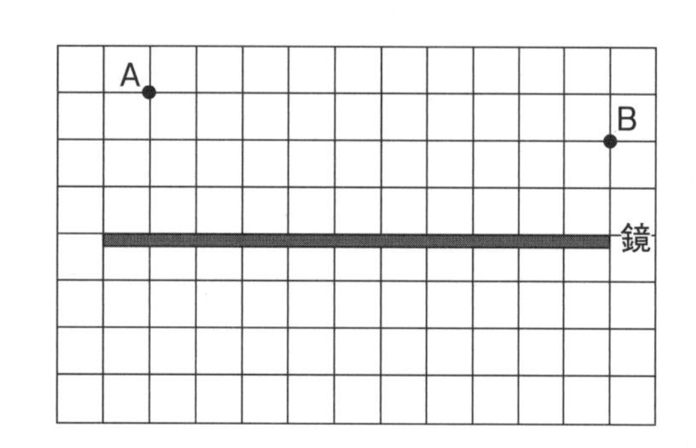

② **密度** 教 p.79　ある金属の質量を上皿てんびんではかると，図1の分銅とつり合った。次に，この金属を，50.0mLの水を入れたメスシリンダーに入れると，水面は図2のようになった。次の問いに答えなさい。

図1

20g　20g　5g　2g　200mg

図2

60　50

(1)　金属の質量は何gか。(　　　　)

(2)　金属の体積は何cm^3か。(　　　　)

(3)　金属の密度は何g/cm^3か。小数第3位を四捨五入して答えなさい。(　　　　)

記述 ③ **状態変化と温度** 教 p.112　右の図1のように，エタノールと沸とう石を入れた試験管を，沸とうさせた水に入れて加熱し，エタノールの温度の変化を調べた。図2は，1分ごとの温度の変化をグラフに表したものである。これについて，次の問いに答えなさい。

図1

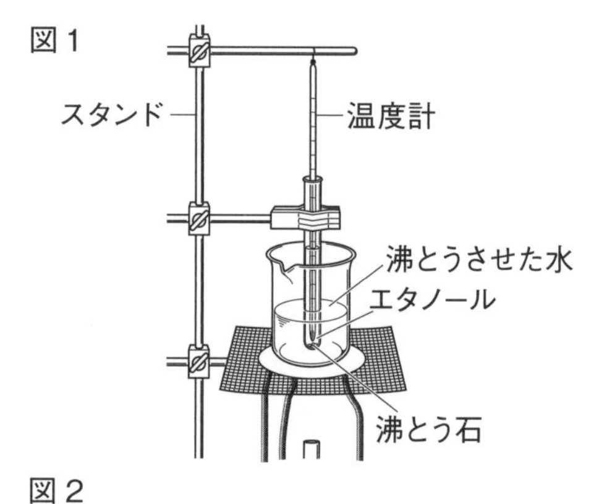

図2

温度〔℃〕 0 20 40 60 80 100 120

加熱した時間〔分〕 0 2 4 6 8 10 12 14

(1)　エタノールを加熱するとき，直接ガスバーナーで熱さずに，図1のようにして熱するのはなぜか。

(　　　　　　　　　　)

(2)　エタノールの中に沸とう石を入れるのはなぜか。

(　　　　　　　　　　)

(3)　エタノールが沸とうしている間，温度はどのようになっているか。

(　　　　　　　　　　)

中間・期末の攻略本

解答と解説

取りはずして使えます！

学校図書版　理科1年

1-1　動植物の分類

第１章　身近な生物の観察
第２章　植物の分類(1)

p.2～p.3　ココが要点

㋐接眼レンズ　㋑視度調節リング
㋒対物レンズ　㋓クリップ
①花弁　②やく　③柱頭
④胚珠　⑤被子植物　⑥果実
㋔柱頭　㋕おしべ　㋖種子　㋗果実
⑦葉脈　⑧網状脈　⑨平行脈
㋘網状脈
⑩主根　⑪ひげ根
㋙側根　㋚ひげ根
⑫子葉　⑬双子葉類　⑭単子葉類
⑮花粉のう　⑯裸子植物
㋛胚珠　㋜花粉のう

p.4～p.5　予想問題

1　(1)ア　(2)ア　(3)イ　(4)めしべ
2　(1)㋐視度調節リング　㋑接眼レンズ
　㋒対物レンズ　㋓ステージ
(2)ウ→ア→エ→イ　(3)ウ
3　(1)㋐花弁　㋑おしべ　㋒めしべ　㋓がく
　㋔やく　㋕柱頭　㋖子房　㋗胚珠
(2)㋔　(3)受粉
(4)種子…㋗　果実…㋖　(5)被子植物
4　(1)D　(2)㋓　(3)㋑　(4)裸子植物
(5)ウ

解説

1　(1)タンポポは，日当たりがよく，土がかわいているところに見られることが多い。
(2)ルーペはレンズを目に近づけて固定して用いる。タンポポの花のように，観察するものを動かせるときは，観察するものを動かしてピントの合う位置を探す。
(3)スケッチするときは，細い線や点ではっきりとかく。かげをつけたり，線をなぞったりしてはいけない。また，対象とするものだけを正確にかくようにする。
(4)タンポポは，花の中央にめしべがあり，下におしべがついている。めしべの先端は丸くなっている。また，タンポポの花弁は１つにつながっている。

2　(1)目に近い方のレンズが接眼レンズ，ものに近い方のレンズが対物レンズである。
(2)鏡筒ごと上下させて，ピントを合わせるときは，まず粗動ねじをゆるめる。
(3)双眼実体顕微鏡の倍率は20～40倍で，ルーペで見るには小さすぎるものの観察に適している。

3　(1)花は，外側から，がく，花弁，おしべ，めしべの順についている。おしべの先端をやくといい，めしべの先端を柱頭という。めしべのもとのふくらんだ部分を子房といい，子房の内部には胚珠がある。
(2)花粉はおしべの先端のやくでつくられる。
(3)(4) **ポイント** 花粉がおしべのやくから出てめしべの柱頭につくことを受粉という。受粉が行われると，子房は成長して果実になり，胚珠は成長して種子になる。
(5)胚珠が子房の中にある花をもつ植物を被子植物という。

4　(1)(2)花粉は雄花のりん片にある花粉のうに入っている。
(3)雄花の花粉のうから出た花粉が雌花のりん片にある胚珠に直接ついて，受粉する。受粉すると，やがて胚珠は種子になり，雌花はまつかさになる。マツには子房がないので，果実はできない。

(4)子房がなく，胚珠がむき出しになっている花をもつ植物を，裸子植物という。

(5)アサガオ，エンドウ，ツツジは被子植物である。

p.6～p.7 予想問題

1 (1)エ　(2)①ア　②エ

2 (1)離弁花　(2)㋐柱頭　㋑やく
(3)花粉　(4)㋒子房　㋓胚珠
(5)受粉　(6)㋓

3 (1)㋐主根　㋑側根　(2)イ，エ

4 (1)A…単子葉類　B…双子葉類
(2)C…網状脈　D…平行脈
(3)ひげ根
(4)葉…C　根…F

5 ①エ　②ア

解説

1 (1)観察するものが動かせるときは，レンズを目に近づけて持ち，観察するものを前後に動かして見る。

(2)観察するものが動かせないときは，顔を前後に動かして見る。

2 (2)(3)めしべの先端部分を柱頭という。おしべの先端部分をやくといい，この部分で花粉がつくられる。

(4)めしべのもとのふくらんだ部分を子房という。この子房の中には，将来，種子になる胚珠が入っている。

(5)(6)めしべの先端の柱頭に花粉がつくことを受粉という。受粉が起こると，子房が成長して果実になる。このとき，子房の中にある胚珠は成長して種子になる。

3 (1)太い根㋐を主根，細い根㋑を側根という。

(2)主根と側根をもつなかまは被子植物の双子葉類である。双子葉類はヒマワリ，アサガオ，単子葉類はトウモロコシ，イネである。

4 (1)～(4)子葉が1枚で，平行脈，ひげ根をもつ植物のなかまが単子葉類，子葉が2枚で，網状脈，主根と側根をもつ植物のなかまが双子葉類である。

5 ①被子植物は，子葉が1枚か2枚かで，単子葉類と双子葉類に分類できる。

②双子葉類は，花弁が1枚1枚はなれている(離弁花類)か，1つにくっついている(合弁花類)かで2つに分類できる。

第2章　植物の分類(2)

p.8～p.9 ココが要点

①種子植物　②被子植物　③裸子植物
㋐種子　㋑子房　㋒裸子
④シダ植物　⑤胞子のう　⑥胞子
⑦コケ植物
㋓胞子のう　㋔胞子
㋕シダ植物　㋖被子植物　㋗双子葉類
㋘合弁花類

p.10～p.11 予想問題

1 (1)種子植物
(2)A…裸子植物　B…被子植物
(3)イ
(4)A…イ，オ　B…ア，ウ，エ

2 (1)根…C　茎…B　葉…A
(2)胞子　(3)胞子のう
(4)シダ植物　(5)イ

3 (1)㋐
(2)A…胞子のう　B…胞子
(3)仮根　(4)ウ　(5)コケ植物

4 (1)胚珠　(2)①合弁花類　④裸子植物
(3)ア，ウ　(4)②ウ　⑤エ

解説

1 (1)種子植物は花粉や胚珠をつくり，種子でふえる植物である。

(2)(3) **ポイント** 種子植物は，被子植物と裸子植物に分けることができる。被子植物は，胚珠が子房の中にある。一方，裸子植物は，子房がなく，胚珠がむき出しである。

2 (1) **ポイント** シダ植物には，根，茎，葉の区別がある。Aは葉，Bが茎，Cが根である。多くのシダ植物の茎は地下(地下茎)にある。

(2)シダ植物は，花をさかせないので，種子をつくらない。かわりに，胞子をつくってなかまをふやす。

(3)胞子は，葉の裏にある胞子のうの中にある。

(5)ツツジは被子植物，マツは裸子植物，スギゴケはコケ植物である。

3 (1)(2)コケ植物には雄株と雌株があり，雌株には，胞子ができる胞子のうがついている。

(3)(4) 参考 コケ植物は，根，茎，葉の区別がない。あまり明るくないしめり気の多いところに生えていることが多い。また，根のように見える仮根は，からだを地面に付着するはたらきをしている。

4 (1) ポイント 植物は，種子をつくる種子植物と，種子をつくらないシダ植物やコケ植物（⑤）に分類される。種子植物は，胚珠が子房の中にある被子植物と，胚珠がむき出しになっている裸子植物（④）に分類される。被子植物は，子葉が２枚である双子葉類と，子葉が１枚である単子葉類（③）に分類される。双子葉類は花弁がつながっている合弁花類（①）と，花弁が１枚１枚はなれている離弁花類（②）に分類される。

(3)単子葉類は，葉脈が平行脈で，根はひげ根である。双子葉類は，葉脈が網状脈で，主根と側根からなる根をもつ。

(4)タンポポは合弁花類なので①，スギは裸子植物なので④，サクラは離弁花類なので②，イヌワラビはシダ植物（種子をつくらない植物）なので⑤，イネは単子葉類なので③に分類される。

第３章　動物の分類

p.12 ～ p.13　ココが要点

①脊椎動物　②無脊椎動物　③卵生

④胎生　⑤うろこ　⑥羽毛

㋐胎生　㋑えら　㋒肺

⑦節足動物　⑧昆虫類　⑨甲殻類　⑩軟体動物

㋓脊椎動物　㋔哺乳類　㋕両生類

㋖節足動物　㋗卵生　㋘肺

p.14 ～ p.15　予想問題

1 (1)背骨をもっている。

(2)A…魚類　B…両生類　C…は虫類

D…鳥類　E…哺乳類

(3)①B　②E

2 (1)A，B　(2)卵生

(3)C　(4)D　(5)E　(6)胎生

3 (1)㋐えら　㋑粘液　㋒うろこ

(2)㋓

4 (1)外骨格　(2)節足動物

(3)外とう膜　(4)軟体動物

(5)ウ　(6)昆虫類　(7)甲殻類

解説

1 (1)Ａ～Ｅの動物は脊椎動物といい，背骨をもっている。

(3)①イモリはカエルと同じ両生類である。

② ミス注意! イルカは哺乳類に分類される。魚類とまちがえやすいので注意する。

2 (1)魚類のカツオと両生類のイモリは水中に卵をうむ。

(2)卵をうんでなかまをふやすことを卵生という。卵生の動物は，魚類，両生類，は虫類，鳥類である。

(3)は虫類の卵の殻はじょうぶで弾力があり，鳥類の殻はかたい。

(4)親が卵を温めてかえすのは鳥類である。

(5)(6)哺乳類は親と同じようなすがたの子をうむ。このようななかまのふやし方を胎生という。

3 (1)㋐魚類や両生類の幼生はえらで呼吸を行う。㋓両生類の成体とは虫類，鳥類，哺乳類は肺で呼吸を行う。

㋔魚類，両生類，は虫類，鳥類は卵をうむが，哺乳類の子は母親の子宮内で育ち，親と同じようなすがたでうまれる。これを胎生という。

(2) ミス注意! 哺乳類と鳥類に共通することは，肺で呼吸を行うことである。からだの表面は鳥類が羽毛でおおわれているのに対し，哺乳類は体毛でおおわれている。

4 (1)(6)(7)節足動物には，バッタやカブトムシなどの昆虫類，エビやカニなどの甲殻類，そのほかのクモのなかまなどがいる。節足動物はからだが外骨格におおわれていて，背骨はない。からだには節がある。

(3)(4)軟体動物には，イカ，タコ，貝のなかまなどがいる。軟体動物の内臓は外とう膜におおわれていて，背骨はない。

(5)ザリガニは甲殻類，サソリはそのほかの節足動物，ミミズはそのほかの無脊椎動物に分類される。

1-2　身のまわりの物質

第1章　物質の分類

p.16～p.17　ココが要点

①物体　②物質　③金属　④非金属
⑤有機物　⑥無機物　⑦ガス調節ねじ
㋐空気調節ねじ　㋑ガス調節ねじ　㋒コック
⑧空気調節ねじ
⑨密度　⑩質量
⑪メスシリンダー
㋓75.5

p.18～p.19　予想問題

1　(1)A…空気調節ねじ　B…ガス調節ねじ
(2)①エ　②ウ　③イ　(3)二酸化炭素
(4)有機物　(5)ア，エ　(6)無機物

2　(1)ア，エ　(2)ア　(3)ア，エ
(4)イ，ウ，オ　(5)イ，オ
(6)ア，ウ，エ

3　(1)水平なところ　(2)b　(3)ア

4　(1)①7.9g/cm^3　②2.7g/cm^3
(2)①鉄　②アルミニウム

5　(1)15.0cm^3　(2)ウ

6　(1)氷　(2)銅

解説

1　(2)ガスバーナーを使うときは，元せんを開ける前に2つの調節ねじを一度ゆるめ，なめらかに動くことを確かめてから軽く閉める。また，青い炎にするときは，ガス調節ねじを押さえておき，空気調節ねじをゆるめて空気の量を調節する。
(4) **ポイント** 炭素をふくみ，燃えて二酸化炭素が発生する物質を有機物という。有機物が燃えるとき，水も発生する。
(6)有機物以外の物質を無機物といい，食塩，アルミニウム，鉄などがある。

2　(1)(2)電気をよく通すのは金属共通の性質だが，磁石につくのは金属共通の性質ではない。
(3)(4)鉄・アルミニウムは金属，砂糖・食塩・プラスチックは非金属である。

3　(2)液面がへこむ場合は，へこんだ下の面を読み取る。
(5)目盛りは目分量で1目盛りの$\frac{1}{10}$まで読み取る。

4　**ポイント** 物質の密度は物質の種類によって決まっているので，密度を求めれば，その物質が何かを知ることができる。
①$\frac{79〔g〕}{10〔cm^3〕}=7.9〔g/cm^3〕$
より，鉄であることがわかる。
②$\frac{54〔g〕}{20〔cm^3〕}=2.7〔g/cm^3〕$
より，アルミニウムであることがわかる。

5　(1)金属を入れた後の体積が65.0cm^{3}を示しているので，金属の体積は，
$65.0〔cm^3〕-50.0〔cm^3〕=15.0〔cm^3〕$だとわかる。
(2)$\frac{118.1〔g〕}{15〔cm^3〕}=7.87\cdots〔g/cm^3〕$

6　(1)密度が水の密度1.00g/cm^{3}より小さい物質は，水に浮く。
(2)同じ質量のときは，密度が大きい物質ほど体積が小さくなる。

第2章　粒子のモデルと物質の性質(1)

p.20～p.21　ココが要点

①純粋な物質　②混合物　③透明
㋐濃さ
④溶解　⑤溶質　⑥溶媒　⑦溶液　⑧水溶液
㋑溶質　㋒溶媒
⑨質量パーセント濃度　⑩飽和水溶液
⑪溶解度　⑫結晶　⑬再結晶

p.22～p.23　予想問題

1　(1)溶質　(2)溶媒
(3)イ，エ　(4)水溶液　(5)㋓　(6)ウ

2　(1)20%　(2)30g
(3)水…120g　砂糖…30g

3　(1)塩化ナトリウム　(2)飽和水溶液
(3)水を蒸発させる。　(4)㋓

4　(1)溶解度　(2)ア　(3)硝酸カリウム
(4)結晶　(5)ア　(6)再結晶
(7)ウ

解説

1　(1)(2)(4)液体に溶けている物質を溶質，溶質を

溶かしている液体を溶媒，溶媒に溶質が溶けた液体を溶液という。溶媒が水である溶液を水溶液という。

(3)(5) ミス注意! 水溶液には色がついているものとついていないものがあるが，すべて透明である。水溶液を長時間放置しても，溶質が下へ沈むことはなく，どこも同じ濃さの状態が続く。砂糖（コーヒーシュガー）を水に溶かすと，砂糖の粒子が水の中に均一に広がって，茶色で透明な水溶液になる。

(6)固体，液体，気体のそれぞれを溶質とした水溶液がある。炭酸水は，二酸化炭素の水溶液である。

2 (1)$\frac{25〔g〕}{100〔g〕+25〔g〕}\times 100 = 20$

(2)$200〔g〕\times\frac{15}{100} = 30〔g〕$

(3)質量パーセント濃度20％の砂糖水150g中の砂糖は，

$150〔g〕\times 0.2 = 30〔g〕$

水は，$150〔g〕- 30〔g〕= 120〔g〕$

3 (1)ろ紙などを使って，固体と液体を分ける操作のことをろ過という。ろ過したとき，ろ紙には溶け残った物質（固体）が残る。

(2)溶け残りのある水溶液をろ過したとき，溶け残った固体はろ紙のすきまを通りぬけられないが，水溶液はろ紙のすきまを通りぬけ，ろ液としてビーカーに集められる。このとき得られたろ液には，物質が限度まで溶けている。このような水溶液を，飽和水溶液という。

(3) ポイント 塩化ナトリウムの溶解度は，温度が変化してもほとんど変わらないので，水溶液を冷やしても塩化ナトリウムの結晶を得ることができない。このような物質の場合，水を蒸発させることで結晶を取り出す。

(4)ろ過するとき，溶液はガラス棒を伝わらせて，ろうとに注ぐ。このとき，ろ紙がやぶれないように，ガラス棒はろ紙が重なっているところに軽く当てる。また，ろ液が飛びはねないように，ろうとのあしは，長いほうをビーカーの壁(かべ)につける。

4 (1)水100gに物質を溶かして飽和水溶液をつくったとき，溶けた物質の質量を溶解度という。いっぽんに，固体の溶解度は温度が高くなると大きくなる。

(2)グラフより，40℃の水100gに硝酸カリウムと塩化ナトリウムのどちらも30g以上溶けることがわかる。

(3)(4)温度によって溶解度に大きく差のある物質は，水溶液を冷やすことによって，結晶が多く現れる。40℃のときと10℃のときの溶解度の差が大きいのは，硝酸カリウムである。

(5)グラフより，硝酸カリウムは，10℃の水100gに約22g溶けることがわかる。したがって，

$30〔g〕- 22〔g〕= 8〔g〕$

が結晶として現れる。

(7)グラフの値は100gの水に溶ける物質の質量を表しているので，50gの水に溶ける物質の質量は，グラフの値の半分である。40℃のとき，硝酸カリウムは20g以上（100gの水に40 g以上）溶けるが，塩化ナトリウムは20g（100gの水に40g）も溶けないことがわかる。

第2章　粒子のモデルと物質の性質(2)

p.24～p.25　ココが要点

①水上置換法　②下方置換法　③上方置換法
④酸素　⑤物質を燃やすはたらき
㋐オキシドール(うすい過酸化水素水)
㋑二酸化マンガン
⑥二酸化炭素　⑦酸性
㋒塩酸
⑧窒素　⑨水素
㋓水滴(水)
⑩アンモニア　⑪アルカリ性
⑫フェノールフタレイン溶液

p.26～p.27　予想問題

1 (1)A…水上置換法　B…下方置換法
C…上方置換法
(2)エ　(3)酸素

2 (1)A…エ　B…カ　(2)A…イ　B…オ
(3)イ
(4)水に溶けにくい性質。
(5)酸素…イ　二酸化炭素…ア

3 (1)エ　(2)イ
(3)ポンと音がして燃える。

4 (1)赤色リトマス紙が青色に変化した。
(2)赤色　(3)アルカリ性
(4)水に非常に溶けやすい性質。
(5)ウ

解説

1 (1) **ポイント** 水に溶けにくい気体は水上置換法，水に溶けやすく空気よりも密度が大きい気体は下方置換法，水に溶けやすく空気よりも密度が小さい気体は上方置換法で集める。
(2)水上置換法では酸素，二酸化炭素，窒素，水素，下方置換法では二酸化炭素，上方置換法では水素，アンモニアが集められる。アンモニアは水に非常に溶けやすい性質をもつので，水上置換法では集められない。

2 (1)二酸化マンガンにオキシドール(うすい過酸化水素水)を加えると，酸素が発生する。
(2)石灰石や貝殻にうすい塩酸を加えると，二酸化炭素が発生する。
(4) **ポイント** 二酸化炭素は水に少し溶けるが，溶ける量が多くないので水上置換法で集めることができる。
(5)酸素は物質を燃やすはたらき(助燃性)をもつが，酸素そのものは燃えない。酸素に火のついた線香を入れると，線香が激しく燃える。二酸化炭素は燃えない気体で，物質を燃やすはたらきもない。二酸化炭素に火のついた線香を入れると，線香の火がすぐに消える。

3 (1)水素は気体の中で最も密度が小さい(軽い)。色やにおいがなく，水に溶けにくい。
ア…アンモニア，塩素，二酸化硫黄などの性質である。
イ…酸素の性質である。
ウ…アンモニアの性質である。
(2)水素は亜鉛のほかに，鉄やマグネシウムなどの金属に，うすい塩酸を加えると発生する。
(3)水素は燃える気体である(可燃性がある)が，物質を燃やすはたらきはない。水素を入れた試験管の口に火を近づけると，水素がポンという音をたてて燃え，水ができる。

4 (1)(3)アンモニアは水に溶けると，アルカリ性を示す。アルカリ性の水溶液は，赤色リトマス紙を青色に変える。
(2)フェノールフタレイン溶液は，酸性や中性の水溶液中では無色だが，アルカリ性の水溶液中では赤色に変化する。
(4)アンモニアは非常に水に溶けやすい気体である。フラスコの中にスポイトで水を入れると，フラスコの中のアンモニアが水に溶け，ビーカーの水が吸い上げられて，ビーカーの水がフラスコ内に噴き上がる。
(5)アンモニアは，無色で，特有の刺激臭のする有毒な気体である。
ア…酸素の性質である。
イ…酸素，窒素，水素などの性質である。
ウ…アンモニア，塩素，二酸化硫黄などの性質である。
エ…塩素などの性質である。

第３章　粒子のモデルと状態変化

p.28～p.29 ココが要点

①固体　②液体　③気体　④体積
㋐気体
⑤融点　⑥沸点　⑦蒸留
㋑水　㋒エタノール

p.30～p.31 予想問題

1 (1)イ　(2)ウ
(3)粒子と粒子の間隔は小さくなるが，粒子の数は変化しないから。
(4)液体…㋑
固体…㋐

2 (1)A…ア　B…エ　C…イ　D…オ　E…ウ
(2)B…融点　D…沸点

3 (1)沸点　(2)変わらない。　(3)異なる。

4 (1)沸とう石
(2)入らないようにする。　(3)ならない。
(4)A　(5)A　(6)エタノール
(7)エタノールの沸点は，水の沸点よりも低いから。
(8)蒸留

解説

1 (1)液体のロウが固体のロウになると，体積が減少するため，ロウの中心がへこむ。
(3) ポイント 物質の状態変化では，粒子と粒子の間隔が変化するので体積は変化するが，粒子の数は変化しないので質量は変化しない。
(4)いっぱんに，固体の粒子は規則正しく並んでいて，液体の粒子は位置を変えながら動き回っている。また，気体の粒子は自由に飛び回っている。そのため，固体が液体，液体が気体へと変化すると，その体積は増える。水は例外で，液体の水が固体の氷になると体積が増える。

2 (2) ミス注意！ 固体が液体になるときの温度を融点という。水の融点は０℃である。液体が沸とうして気体になるときの温度を沸点という。水の沸点は100℃である。

3 (2)(3) ミス注意！ 融点や沸点は物質の種類によって決まっていて，物質の量には関係しない。

4 (1)急に沸とうするのを防ぐために，液体を加熱するときは必ず沸とう石を入れておく。
(2)加熱が終わったあと，試験管にたまった液体が逆流するのを防ぐため，ガラス管の先は，たまった液体に入らないようにする。
(4)～(7)エタノールの沸点は約78℃で，水の沸点は100℃なので，沸点の低いエタノールを多くふくむ気体が先に出てくる。試験管Aの液体にはエタノールが多くふくまれるので，液体にひたしたろ紙を火に近づけるとよく燃える。
(8) ポイント 液体を熱して沸とうさせ，出てくる気体を冷やして再び液体を得る操作を蒸留という。蒸留を利用すると，沸点のちがいによって，液体の混合物からそれぞれの物質を分けて取り出すことができる。

1-3 身のまわりの現象

第1章 光の性質

p.32～p.33 ココが要点

①光の直進　②光の反射　③入射光
㋐入射　㋑反射
④像　⑤乱反射　⑥屈折光　⑦全反射　⑧焦点
⑨焦点距離
㋒焦点
⑩実像　⑪虚像
㋓実像　㋔虚像

p.34～p.35 予想問題

1 (1)光源　(2)(光の)直進
(3)(光の)反射
(4)入射角…㋒　反射角…㋑
(5)入射角＝反射角(㋒＝㋑)
(6)反射の法則

2 (1)乱反射　(2)下図左　(3)下図右

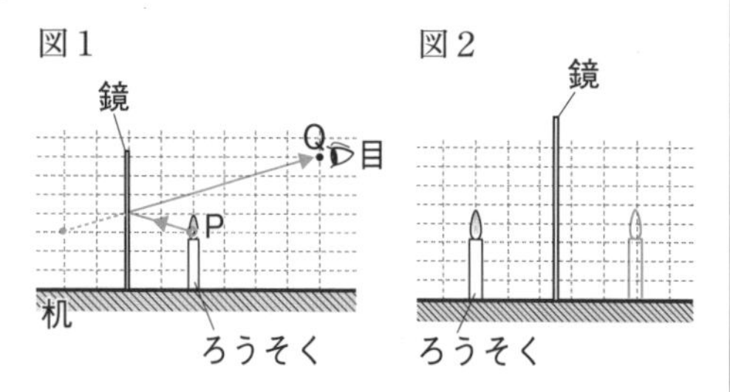

3 (1)入射角…㋑　屈折角…㋓
(2)図2…㋔　図3…㋙
(3)ア　(4)イ　(5)全反射

4 (1)下図左　(2)下図右

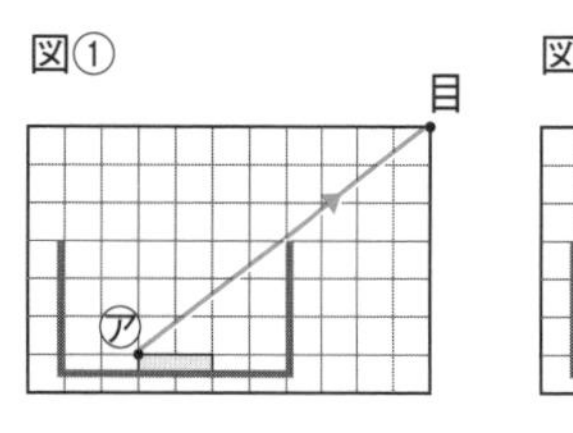

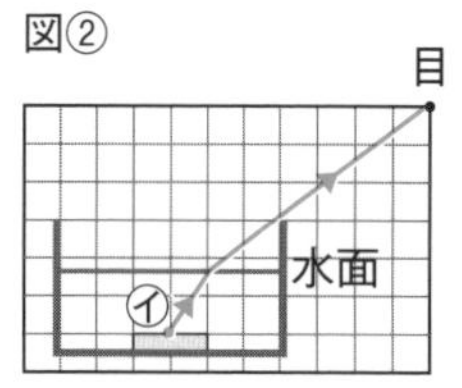

解説

1 (4) ミス注意! 鏡の面に垂直な線と入射光や反射光がつくる角度をそれぞれ入射角と反射角という。
(5)(6)入射角と反射角が等しくなることを，反射の法則という。

2 (2) ポイント 鏡で反射した物体からの光は，あたかも鏡をはさんだ対称の位置から直進してくるように見える。P点から鏡をはさんだ対称の位置からまっすぐに，目のQ点へとどく光の道すじを引き，その道すじと鏡との交点をP点と結ぶことで作図できる。
(3)ろうそくから，鏡をはさんだ対称の位置に像が見える。

3 (1)境界面に垂直な線と入射光や屈折光がつくる角度を，それぞれ入射角，屈折角という。
(2)～(4) ポイント 図2…空気中から水中へ光が進むとき，光は境界面からはなれる方向に屈折する。つまり，入射角のほうが屈折角より大きくなる。
図3…水中から空気中へ光が進むとき，光は境界面へ近づく方向に屈折する。つまり，入射角より屈折角のほうが大きくなる。
(5) ミス注意! 光が水中やガラス中から空気中に進むとき，入射角がある角度を超えると全反射が起こる。すべての光が境界面で反射し，屈折光がなくなる。

4 (1)コインの㋐から容器のふちを通って目まで，光は直進している。
(2)㋑からの光は水面で屈折し，容器のふちを通って目にとどく。この道すじをかくには，まず，目から容器のふちを通って水面まで直線を引き，次に，水面との交線と㋑を結ぶ。このとき，目からの直線の延長線上にコインが浮き上がって見える。

p.36～p.37 予想問題

1 (1)(光の)屈折
(2)

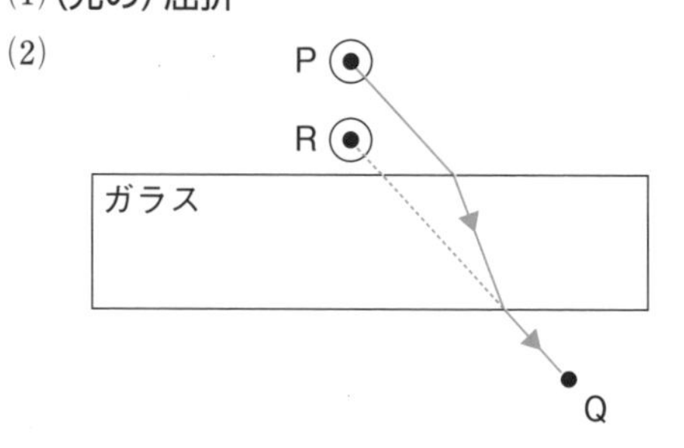

(3)

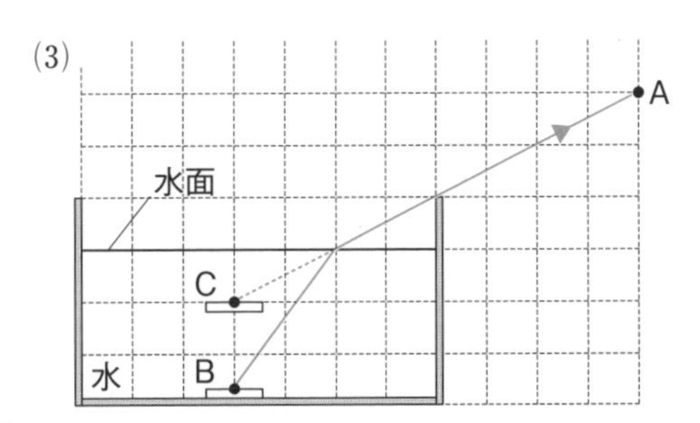

2 (1)

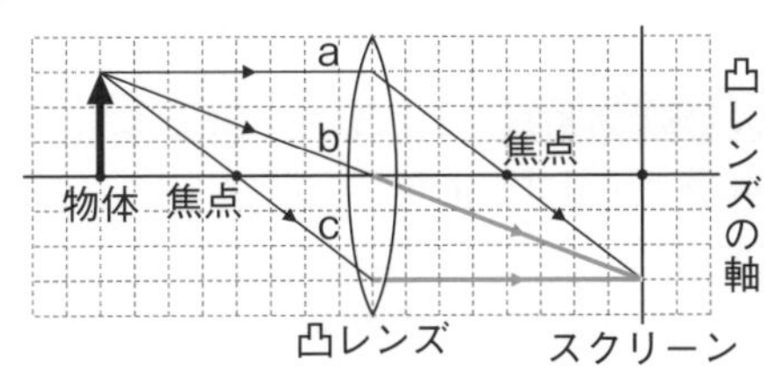

(2)実像　(3)ア

3 (1)①ウ　②エ　③オ　④カ　⑤カ

(2)⑤　(3)虚像

(4)①ウ　②イ　③ア　④エ　⑤ア

(5)①エ　②エ　③エ　④オ　⑤ウ

(6)

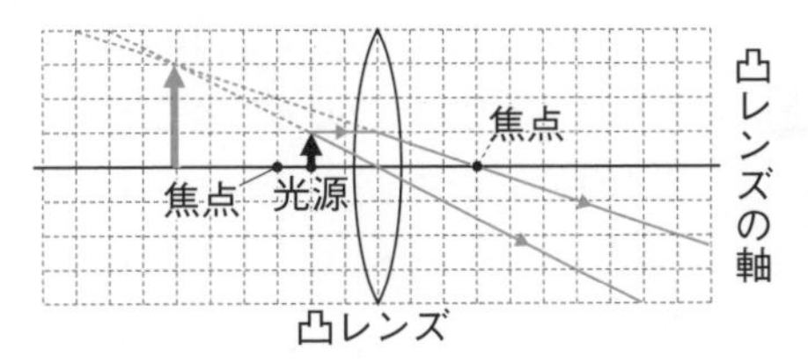

解説

1 (2)点Pからガラスまでと，ガラスから点Qまでの光の道すじは平行になる。まず，点Qと点Rを結び，ガラスから点Qまでの光の道すじを作図する。この道すじと平行な直線を，点Pからガラスに向かってかき入れる。これが点Pからガラスまでの光の道すじである。2本の光の道すじとガラスの両面との交点どうしで結ぶと，ガラスの中の光の道すじとなり，点Pから点Qまでの道すじを作図できる。

(3)まず，点Cと点Aを結び，水面から点Aまでの光の道すじを作図する。この道すじと水面の交点を点Bと結ぶと，点Bから点Aまでの光の道すじを作図できる。

2 (1) **ポイント** 凸レンズの軸に平行な光は，屈折して焦点を通る。凸レンズの中心を通る光は，そのまままっすぐに進む。焦点を通る光は，屈折して凸レンズの軸に平行に進む。

参考 実際には，凸レンズに入るときと出るときの2回屈折するが，作図するときは，凸レンズの中心線で1回だけ屈折するようにかいてよい。

(2)(3)物体(光源)を焦点の外側に置くと，スクリーン上に物体とは上下左右が逆向きの像ができる。これを実像という。

3 (1)～(5)①光源が焦点距離の2倍の位置よりも遠い位置にあるとき…焦点距離の位置と焦点距離の2倍の位置の間にスクリーンを置くと，上下左右が逆で,光源よりも小さな実像ができる。

②光源が焦点距離の2倍の位置にあるとき…焦点距離の2倍の位置にスクリーンを置くと，上下左右が逆で，光源と同じ大きさの実像ができる。

③光源が焦点距離の2倍の位置と焦点距離の位置の間にあるとき…焦点距離の2倍の位置よりも遠い位置にスクリーンを置くと，上下左右が逆で，光源よりも大きな実像ができる。

④光源が焦点距離の位置にあるとき…スクリーンをどこに置いても像ができない。

⑤光源が焦点距離よりも凸レンズに近い位置にあるとき…スクリーンをどこに置いても像ができない。しかし，凸レンズを通して光源の方向を見ると，上下左右が同じ向きで，光源よりも大きな虚像が見える。

(6)光源から凸レンズの中心を通って直進する光と，凸レンズの軸に平行に進み，焦点を通る光の線をかき，両方の線を光源側にのばした線が交わるところに虚像が見える。

第2章　音の性質

p.38～p.39 ココが要点

①振動　②波　③真空　④鼓膜　⑤振幅

⑥音の大小　⑦振動数　⑧ヘルツ

⑨音の高低

㋐振幅

⑩m/s

㋑小さい　㋒大きい　㋓高い　㋔低い

p.40～p.41　予想問題

1 (1)ア　(2)ウ　(3)空気中　(4)波

2 (1)聞こえる。
(2)聞こえにくくなる。(小さくなる。)
(3)空気　(4)鼓膜

3 (1)図１…a　図２…d
(2)短くする。　(3)強くする。
(4)細くする。　(5)振動数
(6)強くはじく。

4 (1)振幅　(2)ⓦ　(3)ⓐ　(4)ⓘ　(5)ⓐ

5 (1)エ　(2)680m

解説

1 (1)同じ高さの音が出る音さA，Bを使って，音さAを鳴らすと，音の振動が空気中を伝わり，音さBが鳴り出す。
(2)音さAと音さBの間に板を入れると，音の振動が伝わりにくくなるので，音さBの音は板を入れないときに比べて小さくなる。
(3)(4)音は波として空気中を伝わっていく。

2 (1)ブザーの音が容器の中の空気を振動させ，この振動が容器を振動させる。さらに，容器の振動が外の空気を振動させ，耳に伝わる。
(2)ブザーの音を伝える空気が少なくなると，音が聞こえにくくなる。
(4)空気中を伝わってきた音の波は，耳の中の鼓膜を振動させ，音が聞こえる。

3 (1)～(5) **ポイント** はじく弦の長さが短いほど，弦の張り方が強いほど，弦の太さが細いほど，はじいたときの振動数が多くなり，高い音が出る。
(6)弦を強くはじくほど，振幅が大きくなり，大きな音が出る。

4 (1) **ポイント** 波の高さが振幅を，波の数が振動数を表す。
(2)波の高さがAと同じものを選ぶ。
(3)波の数がAと同じものを選ぶ。
(4)波の高さが最も高いものを選ぶ。
(5)波の数が最も多いものを選ぶ。
参考 動物によって聞くことのできる音の高さがちがっていて，ヒトが聞くことができる音の高さは，20Hzから20000Hzくらいである。イヌやネコは20000Hzよりも高い音（超音波(ちょうおんぱ)）を聞くことができる。

5 (1) **ミス注意!** 音は，空気のような気体だけでなく，水などの液体や金属などの固体の中も伝わる。しかし，何もない（真空状態の）ところでは，振動を伝えるものがないので，音が伝わらない。
(2)340〔m/s〕× 2.0〔s〕= 680〔m〕

第３章　力のはたらき(1)

p.42～p.43　ココが要点

①重力　②ニュートン
ⓐ3　ⓘ1
③フックの法則　④作用点
⑤力の向き　⑥力の大きさ
ⓦ大きさ　ⓔ向き

p.44～p.45　予想問題

1 (1)ⓐ，ⓘ　(2)ⓦ，ⓞ　(3)ⓔ，ⓚ

2 (1)ニュートン
(2)ばねばかりAが示す値…３N
手が引く力の大きさ…３N

3 (1)ⓐ0.2　ⓘ0.4　ⓦ0.6　ⓔ0.8
ⓞ1.0
(2)右図
(3)6.0cm
(4)0.7N
(5)比例の関係
(6)フックの法則

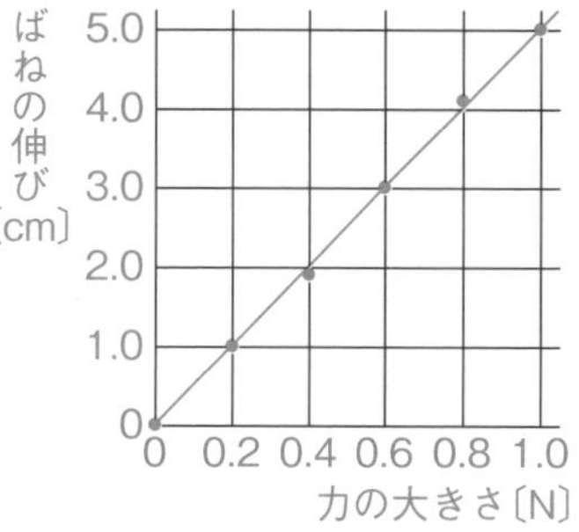

ばねの伸び〔cm〕 0, 1.0, 2.0, 3.0, 4.0, 5.0
力の大きさ〔N〕 0, 0.2, 0.4, 0.6, 0.8, 1.0

4 (1)A…作用点
B…力の大きさ
C…力の向き
(2)右図

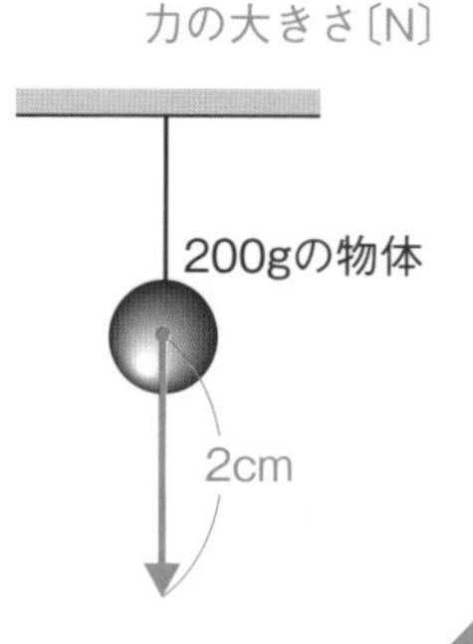

解説

1 (1)～(3)物体が力を受けているときに見られる現象には，物体の形が変わる，物体の運動のようす（速さや向き）が変わる，物体が支えられているという３つがある。ⓐ，ⓘでは物体の形が変えられ，ⓦ，ⓞでは物体の運動のようすが変えられ，㋓，㋕では物体が支えられている。

2 (1)重力の大きさは，ニュートン（記号N）という単位を使って表している。

(2)300gの物体が受ける重力の大きさは3Nである。また，ばねばかりAと同じ伸びになるように引いている手の力の大きさも3Nである。

3 (1)おもりは1個20gなので，おもり1個につき0.2Nの力がばねにはたらく。

(2)0.2Nの力で1cmずつ伸びていく。

ポイント グラフは次の手順でかく。

1. 測定値を点で記入する。
2. グラフの形を判断する。
3. 測定値が線の上下に均等にちらばるように，原点を通る直線を引く。

(3)1.0Nの力を受けたときのばねの伸びは5cmなので，1.2Nの力を受けたときは，

$$5.0〔\mathrm{cm}〕\times\frac{1.2}{1.0}=6.0〔\mathrm{cm}〕$$

(4)ばねの伸びが3.5cmのときに受ける力は，

$$1.0〔\mathrm{cm}〕\times\frac{3.5}{5.0}=0.7〔\mathrm{N}〕$$

(5)(6)ばねの伸びは，ばねが受ける力の大きさに比例する。この法則をフックの法則という。

4 (1) **ポイント** 力は，力の大きさ，力の向き，作用点の3つの要素を矢印で表す。力の矢印は，矢印の始点を力のはたらく点（作用点）にして，矢印の向きを力の向きにし，矢印の長さを力の大きさに比例した長さにする。

(2)200gの物体が受ける重力の大きさは2Nなので，2cmの矢印で表す。物体が受ける重力は，物体の中心を作用点にした下向きの1本の矢印で表す。

第3章　力のはたらき(2)

p.46～p.47　ココが要点

①つり合っている　②2力の大きさ

③2力の向き

㋐反対　㋑一直線　㋒大きさ　㋓向き

④弾性力　⑤摩擦力　⑥重さ　⑦質量

p.48～p.49　予想問題

1 (1)ア　(2)一直線上になっている。

(3)反対になっている。

2 ①×　②○　③×　④○　⑤○

⑥×　⑦×

3 (1)弾性力

(2)重力

(3)右図

(4)垂直抗力

(5)右図

(6)摩擦力

(7)左から右

(8)①引き合う力

②しりぞけ合う力

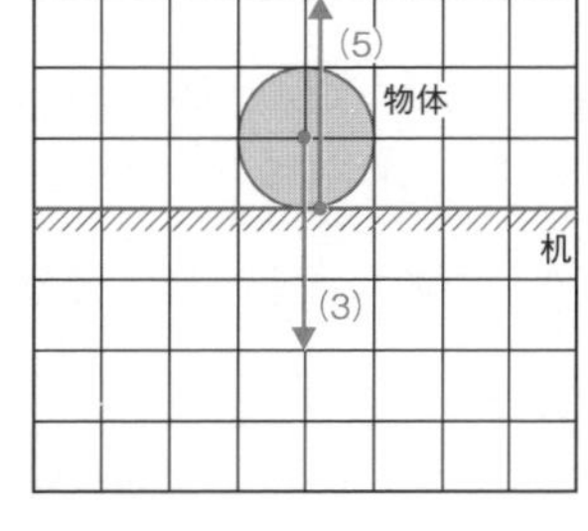

4 0.4N

解説

1 (1)厚紙が静止しているので，ばねばかりAとBの引き合う力は同じである。

(2)つり合っているときの2力は一直線上にある。

(3)つり合っているときの2力の向きは反対向きである。

2 2力がつり合うのは，次の3つの条件がそろったときである。

・2力は一直線上にある。

・2力の大きさは等しい。

・2力の向きは反対である。

①，③，⑦は，2力が一直線上にない。

⑥は2力の大きさが等しくない。

②，④，⑤は2力がつり合っている。

3 (1)ばねがもとにもどろうとして，受けた力とは反対向きにはたらく力を弾性力という。

(2)地球がその中心に向かって物体を引きつける力を重力という。

(3)物体が受ける重力を表す矢印は，物体の中心を作用点とし，下向きに30Nの力の大きさである。

(4)机に接した物体が面から垂直に受ける力を，垂直抗力という。

(5)物体が受ける垂直抗力を表す矢印は，机の面に接したところを作用点とし，上向きに30Nの力の大きさである。

(6)指で押した筆箱が机の面から受ける力を，摩擦力という。

(7)摩擦力は，加えられた力とは反対向きにはたらく。

(8)①磁石のＮ極とＮ極，Ｓ極とＳ極では，たがいにしりぞけ合う力がはたらく。

②Ｎ極とＳ極では，たがいに引き合う力がはたらく。

4 地球上で240gの物体にはたらく重力の大きさは，2.4Nである。重力の大きさが地球上の$\frac{1}{6}$になる月面上では，ばねばかりの示す値も$\frac{1}{6}$になる。よって，

$2.4〔N〕\times\frac{1}{6}=0.4〔N〕$

1-4 大地の活動

第１章 火山～火を噴く大地～

p.50～p.51 ココが要点

①マグマ ②噴火 ③火山噴出物 ④火山灰

㋐マグマだまり ㋑小さい ㋒大きい

⑤無色鉱物 ⑥有色鉱物 ⑦火山岩 ⑧深成岩

⑨斑状組織 ⑩等粒状組織

㋓石基 ㋔等粒状

p.52～p.53 予想問題

1 (1)マグマ (2)マグマだまり (3)溶岩
(4)火山弾 (5)火山灰 (6)火山噴出物

2 (1)マグマ (2)㋒→㋑→㋐ (3)㋒
(4)㋐ (5)①㋑ ②㋐ ③㋒

3 (1)指で押しつぶすようにして洗う
(2)a…イ b…エ c…ア
(3)無色鉱物 (4)ア

4 (1)㋐等粒状組織 ㋑斑状組織
(2)A…石基 B…斑晶
(3)㋐エ ㋑ア (4)㋐深成岩 ㋑火山岩

解説

1 (1)(2)液体になった状態の岩石を，マグマという。多くの場合，マグマは地下数kmのところにあるマグマだまりにたまっている。マグマだまりにあるマグマが地表に噴き出す現象を噴火という。

(3)～(6)火山噴出物は，噴火のときに噴き出したマグマの一部で，火山弾，火山れき，火山灰，火山ガス，溶岩などがある。火山灰は，直径２mm以下の粒なので，風で遠くまで飛ばされやすい。火山弾は，飛ばされた溶岩が空気中で冷えて固まったもので，大きい。

2 ポイント (1)(2)マグマのねばりけが大きいと，盛り上がったドーム状の地形がある火山（㋒）になりやすく，マグマのねばりけが小さいと，傾斜がゆるやかな形の火山（㋐）になりやすい。マグマのねばりけが中程度だと，円すい状の火山（㋑）になりやすい。

(3)マグマのねばりけの大きい火山の火山灰は白っぽい色，マグマのねばりけの小さい火山の火山灰は黒っぽい色をしている。

(4)マグマのねばりけの大きい火山は爆発的に噴火し，マグマのねばりけの小さい火山は比較的おだやかに噴火する。
(5)①桜島は，マグマのねばりけが中程度で，円すい状の形をしている。
②マウナロアは，マグマのねばりけが小さく，傾斜のゆるやかな形をしている。噴火のようすはおだやかである。
③雲仙普賢岳は，マグマのねばりけが大きく，ドーム状の地形が火口にできている。噴火のようすは爆発的である。

3 (2)(3)チョウ石（a）やセキエイ（b）のように無色や白色の鉱物を無色鉱物という。クロウンモ（c），カクセン石（d），キ石（e），カンラン石（f），磁鉄鉱（g）のように黒色や黒緑色，うす緑色などの色をしている鉱物を有色鉱物という。
(4)深成岩は，無色鉱物の割合が多い（白っぽい）ものから順に，花こう岩，せん緑岩，斑れい岩に分けられる。火山岩は，無色鉱物の割合が多いものから順に，流紋岩，安山岩，玄武岩がある。選択肢の中で，最も無色鉱物の割合が多いのは，花こう岩である。

4 **ポイント** ㋐…同じくらいの大きさの鉱物からなるつくりを等粒状組織といい，マグマが地下深くで長い時間をかけてゆっくり冷えて固まった深成岩に見られる。
㋑…比較的大きな鉱物であるBの斑晶をAの石基が取り巻いているつくりを斑状組織といい，マグマが地表や地表付近で短い時間で冷えて固まった火山岩に見られる。

第2章　地層～大地から過去を読みとる～

p.54～p.55　ココが要点

①風化　②侵食　③運搬　④堆積岩
㋐れき岩　㋑泥岩　㋒石灰岩　㋓チャート
⑤凝灰岩　⑥示相化石　⑦示準化石
⑧地質年代　⑨かぎ層

p.56～p.57　予想問題

1 (1)風化　(2)運搬
(3)弱くなったところ（止まったところ）
(4)㋒　(5)上の層

2 (1)A…エ　B…ウ　C…カ
D…ア　E…オ　F…イ
(2)堆積岩　(3)二酸化炭素
(4)（非常に）かたいこと。

3 (1)示相化石　(2)イ
(3)A…アンモナイト　B…ビカリア
C…サンヨウチュウ　D…フズリナ
(4)示準化石

4 (1)2回　(2)F　(3)F　(4)ウ
(5)地質年代

解説

1 (1)かたい岩石が気温の変化や雨水によってもろくなることを風化という。
(2)(3)風化や侵食によってけずられた土砂は，流水によって運搬され，水の流れが弱いところや止まったところに堆積する。
(4)れきの粒は大きいので，はやく沈む。泥の粒は小さいので，沈むまでの間により遠くまで運ばれる。そのため，河口近くかられき，砂，泥の順に堆積する。
(5)いっぱんに，地層は上に積み重なっていくので，地層は下の層ほど古く，上の層ほど新しくなる。

2 (1)れき岩，砂岩，泥岩は，岩石にふくまれる粒の大きさのちがいで分けられる。れきは粒の直径が2mm以上，砂は粒の直径が約0.06～2mm，泥は粒の直径が約0.06mm以下のものである。
(3) **参考** 石灰岩は，主に炭酸カルシウムという貝殻やサンゴの骨格の主成分である物質からできている。炭酸カルシウムはうすい塩酸と反応して二酸化炭素を発生する。
(4)チャートは非常にかたく，くぎで引っかいても傷がつかない。

3 (1)(2) **ポイント** サンゴは暖かくて浅い，きれいな海にしかすめないため，この地層が堆積した当時の環境を知ることができる。サンゴのような生物の化石を示相化石という。
(3)(4) **ポイント** 示準化石は，限られた時代に，広い範囲に分布していた生物の化石である。示準化石を手がかりに，その地層が堆積した年代を知ることができる。ビカリアやナウマンゾウは新生代，アンモナイトや恐竜は中生代，フズリナやサンヨウチュウは古生代の示準化石である。

4 (1)図の地層には，火山灰の層が2つあることから，過去に火山活動が少なくとも2回あったと考えられる。
(2)水平に積み重なった地層では，下の層ほど古い年代に堆積したものである。
(3)れきは粒が大きく重いことから，河口付近に堆積する。
(4)ナウマンゾウは，新生代の示準化石である。
(5)地質年代は，示準化石などをもとに決められていて，古生代，中生代，新生代などに分けられている。

p.58～p.59 予想問題

1 (1)①風化　②侵食　(2)イ
2 (1)ウ　(2)エ　(3)B，E
(4)年代…ウ　化石…示準化石　(5)かぎ層
3 (1)ウ　(2)イ
(3)薬品…（うすい）塩酸　気体…二酸化炭素
(4)火山灰が固まってできた凝灰岩が見られるから。
4 (1)柱状図　(2)広く層状に堆積する。
(3)d　(4)i，o　(5)ボーリング試料

解説

1 (1)長い年月の間に，気温の変化や雨水などのはたらきによってしだいにもろくなったり，こわれたりしていくことを風化という。また，流水によって岩石がけずられたり，岩石の一部が溶けたりするはたらきを侵食という。
(2)粒が大きいものは河口付近に堆積し，粒の小さいものは沖合まで流されるので，河口に近いところから順に，れき，砂，泥が堆積する。

2 (1)れき（直径2mm以上），砂（直径2mm～約0.06mm），泥（直径約0.06mm以下）は粒の大きさによって区別されている。
(2)泥は沖合のほうの海底に堆積する。
(3)火山が噴火すると，主に火山灰が堆積する。
(4)ビカリアは新生代に堆積した地層にふくまれる化石である。また，ビカリアのような堆積した年代がわかる化石を示準化石という。
(5)火山灰の層や特徴的な化石をふくむ層など，同じ時期に堆積した層を比較するときの目印となる層を，かぎ層という。離れた場所の地層を比べるとき，かぎ層があれば，どの層がひと続きの層であったかを知ることができる。

3 (1)層Bにあるのは，粒の直径が2 mm以上なのでれき岩である。
(2)アンモナイトは，中生代の代表的な示準化石である。
(3)石灰岩は，塩酸をかけると二酸化炭素が発生する。

4 (3)(4)火山灰の層は，かぎ層となる。火山灰の層の存在から，d，j，pの層は同時代に堆積したと考えられる。よって，cと同時代に堆積したと考えられる層は，i，oである。

第3章　地震～ゆれる大地～

p.60～p.61 ココが要点

①震源　②震央　③P波　④主要動
⑤初期微動継続時間　⑥震度
㋐震源　㋑初期微動　㋒初期微動継続
⑦マグニチュード　⑧プレート　⑨断層
⑩活断層　⑪隆起　⑫沈降　⑬しゅう曲

p.62～p.63 予想問題

1 (1)㋐震源　㋑震央　(2)震度
(3)10段階　(4)マグニチュード
(5)広くなる。
2 (1)㋐初期微動　㋑主要動
(2)㋐P波　㋑S波　(3)ウ
(4)初期微動継続時間　(5)D→B→C
3 (1)7 km/s　(2)イ　(3)ウ
4 (1)海溝　(2)a　(3)㋑　(4)ア

解説

1 (1)地震が発生した地下の場所を震源，震源の真上の地表の地点を震央という。
(2)(3)地震による各観測地点でのゆれの大きさは，震度で表される。震度には0～7があり，（5と6には弱，強がある。）合計10段階に分けられている。数値が大きいほどゆれが大きい。
(4)(5)地震の規模（エネルギー）はマグニチュード（記号M）で表される。震源が同じでマグニチュードの異なる地震が起きた場合，マグニチュードの大きい地震のほうが，震央付近の震度が大きく，広範囲でゆれが観測される。

2 (1)(2) ポイント はじめに伝わる小さなゆれを初期微動，その後に伝わる大きなゆれを主要動という。初期微動を伝える波をＰ波，主要動を伝える波をＳ波という。

(3) ミス注意！ Ｐ波とＳ波は同時に発生するが，Ｐ波のほうが伝わる速さが速いので，到達時刻に差が生じる。

(4)Ｐ波とＳ波の到達時刻の差を，初期微動継続時間という。

(5)初期微動継続時間は，震源から遠いほど長くなる。また，地震のゆれは，ふつう，震源から離れるにしたがって小さくなる。このことから，初期微動継続時間がいちばん短く，ゆれの大きいＤが最も震源に近いことがわかる。初期微動継続時間がいちばん長く，ゆれの小さいＣが最も震源から離れていることがわかる。

3 (1)ゆれ㋐を伝える波は，震央を中心にした同心円状に伝わり，地点Ａから地点Ｂまでの

140〔km〕－63〔km〕＝77〔km〕を，

９時59分46秒－９時59分35秒＝11秒

より，11秒間で伝わっている。このことから，波の速さは，

$\frac{77〔km〕}{11〔s〕}=7〔km/s〕$

(2)ゆれ㋐とゆれ㋑の到達時刻の差を，初期微動継続時間という。この時間が長いほど震源からの距離が遠くなる。初期微動継続時間は，地点Ａでは８秒，地点Ｂでは19秒である。地点Ｐでは15秒なので，地点Ｐは地点Ａよりも震源から遠く，地点Ｂよりも近いことがわかる。

(3)地震計自体がゆれても，おもりと針はほとんど動かないので，地震のゆれを記録できる。

4 (1)(2)プレートの境目では，一方のプレートがもう一方のプレートの下に沈みこんでいる。このような場所では，海溝という谷のような海底地形ができる。日本海溝では，海洋プレートが大陸プレートの下に沈みこんでいる。

(3)海溝付近では，大陸プレートのふちが海洋プレートの沈みこみによって下に引きずられている。やがて大陸プレートが変形にたえきれなくなると，地震が起こる。このように，プレートどうしがぶつかっている場所では地震が起こりやすい。

(4) ポイント 日本列島の地震には，海洋プレートと大陸プレートの境界で起こるプレート境界型地震と，日本列島の地下の浅い場所で起こる内陸型地震がある。海洋プレートは日本海溝付近から日本列島の地下深くに沈みこんでいるので，プレート境界型地震の震源は太平洋側では浅く，日本列島の下（大陸側）に向かって深くなっている。

巻末特集 p.64

1 (1)右図
(2)右図

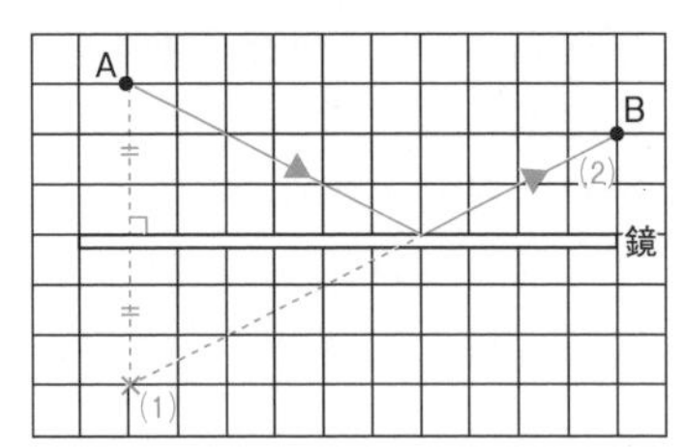

A
B
(2)
鏡
(1)

解説 (1)鏡の面に対して対称な位置になるように作図する。
(2)観察者は，光が鏡にうつる物体から真っ直ぐに進んできたように感じるが，実際の光はAから出て鏡に反射してBにとどく。

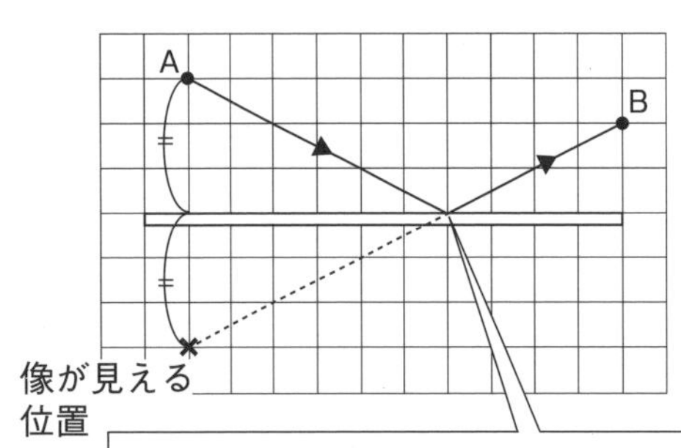

A
B
像が見える位置
「像が見える位置と観察者を結んだ直線」と「鏡」の交点で光が反射する。

2 (1)47.2g (2)$6.0cm^3$ (3)$7.87g/cm^3$

解説 (1)1 g = 1000mgである。
20 + 20 + 5 + 2 + 0.2 = 47.2〔g〕
(2)図のメスシリンダーの1目盛りは1 mLで，1 mLは1 cm^3である。
金属を入れたあと，メスシリンダーは$56.0cm^3$を示しているので，金属の体積は，
56.0〔cm^3〕− 50.0〔cm^3〕= 6.0〔cm^3〕
(3)$\frac{47.2〔g〕}{6.0〔cm^3〕}$ = 7.866…〔g/cm^3〕

3 (1)エタノールには火がつきやすい性質があるため。
(2)液体が急に沸とうして外に飛び出すことを防ぐため。
(3)温度は変化せず，一定である。

解説 (1)エタノールはたいへん火がつきやすいので，直接，加熱してはいけない。加熱するときは，必ず湯につけて温める。
(2)液体をそのまま加熱すると，急に沸とうして液体がふき出すことがある。このようなことを防ぐために，液体の中に沸とう石を入れておく。
(3)純粋な物質の沸点は決まっていて，沸とうしている間は，加熱し続けても温度は変わらない。

6 5 4 3 2
D C B A